TUSHUO DIANLI ANQUAN SHENGCHAN
WEIZHANG 100 TIAO

图说电力安全生产
违章100条

国网北京市电力公司经济技术研究院 编
北京金电联供用电咨询有限公司

中国电力出版社
CHINA ELECTRIC POWER PRESS

内 容 提 要

为帮助电力企业员工强化安全意识、防范违章事故，国网北京市电力公司经济技术研究院和北京金电联供用电咨询有限公司编写《图说电力安全生产违章 100 条》。

本书共十章，包括安全防护用品使用不规范、"两票"填写和执行不规范、安全组织措施不落实、安全技术措施不到位、特种设备使用不规范、安全工器具使用不规范、临电设备使用不规范、动火作业不规范、现场作业人员行为不规范及有限空间作业不规范，共汇总违章行为 100 条。

本书可供各电力专业安全生产管理人员和一线员工参考使用。

图书在版编目（CIP）数据

图说电力安全生产违章 100 条／国网北京市电力公司经济技术研究院，北京金电联供用电咨询有限公司编 . —北京：中国电力出版社，2019.8（2023.7重印）

ISBN 978-7-5198-3589-7

Ⅰ .①图… Ⅱ .①国… ②北… Ⅲ .①电力工业—安全生产—违章作业—图集Ⅳ .① TM08-64

中国版本图书馆 CIP 数据核字（2019）第 182559 号

出版发行：中国电力出版社
地　　址：北京市东城区北京站西街 19 号（邮政编码 100005）
网　　址：http://www.cepp.sgcc.com.cn
责任编辑：肖　敏（010-63412363）
责任校对：黄　蓓　朱丽芳
装帧设计：赵姗姗
责任印制：石　雷

印　　刷：三河市万龙印装有限公司
版　　次：2019 年 11 月第一版
印　　次：2023 年 7 月北京第六次印刷
开　　本：787 毫米×1092 毫米　16 开本
印　　张：8.75
字　　数：127 千字
印　　数：6001—7000 册
定　　价：52.00 元

编委会

主　　编　邓　华　盛宇军

副 主 编　李　瑛　张惟中　李洪斌　穆克彬

编写人员　李　聪　耿军伟　张晓颖　陈　波　武　瑶

　　　　　　周　爽　赵　磊　白　烁　刘卫国　王伟勇

　　　　　　张　健　祁晓卿　李翔宇　耿　洋

审查人员　郝振昆　宗晓茜　吕　达　孙　力　刘安畅　张志朋

前言

　　从违章者本人的角度来看，违章一般可分为两类，即偶然性违章和习惯性违章。偶然性违章是指因缺乏必备的安全技术知识，或受身体、心理、客观环境等意外因素的影响而导致的违章行为。习惯性违章是指固守旧有的不良作业传统和工作习惯，违反相关安全工作规程的违章行为。违章就是事故之源，违章就是伤亡之源。杜绝违章、预防事故的发生，是电力安全管理工作中的一项重要工作。国网北京市电力公司经济技术研究院和北京金电联供用电咨询有限公司组织专家编写《图说电力安全生产违章100条》，从思想意识上强化员工对违章危害性的认识，从行为习惯上培养员工遵章守纪的自觉性，主动有效地防范和避免违章事故。

　　本书共十章，包括安全防护用品使用不规范、"两票"填写和执行不规范、安全组织措施不落实、安全技术措施不到位、特种设备使用不规范、安全工器具使用不规范、临电设备使用不规范、动火作业不规范、现场作业人员行为不规范及有限空间作业不规范。汇总整理了近年来在电力施工作业现场安全检查中发现的100条违章行为，以图片方式展现违章现象或正确示例，并列出违反的规程规范等具体条款和其他相关条款，对加强反违章管理具有重要意义。本书可供各电力专业安全生产管理人员和一线员工查找身边的违章现象，剖析违章原因，自查自纠，自觉反违章、不违章，增强遵章守纪的自觉性。

　　由于编者水平有限，书中难免出现错误和不妥之处，敬请读者批评指正。

编　者

2019 年 7 月

目录

前言

1

安全防护用品
使用不规范

[1] 配电作业人员佩戴安全帽未系下颏带。

违规照片

配电作业人员佩戴安全帽未系下颏带

违反条款

《国家电网公司电力安全工作规程（配电部分）（试行）》第 14.5.2 条规定，安全帽使用前，应检查帽壳、帽衬、帽箍、顶衬、下颏带等附件完好无损。使用时，应将下颏带系好，防止工作中前倾后仰或其他原因造成滑落。

《国家电网公司电力安全工器具管理规定》中附录 J 安全工器具检查与使用要求规定，安全帽戴好后，应将帽箍扣调整到合适的位置，锁紧下颏带，防止工作中前倾后仰或其他原因造成滑落。

其他相关条款

Q/GDW 1799.1—2013《国家电网公司电力安全工作规程　变电部分》第 4.3.4 条规定，进入作业现场应正确佩戴安全帽，现场作业人员还应穿全棉长袖工作服、绝缘鞋。

Q/GDW 1799.2—2013《国家电网公司电力安全工作规程　线路部分》第 14.4.2.5 条规定，安全帽使用前，应检查帽壳、帽衬、帽箍、顶衬、下颏带等附件完好无损。使用时，应将下颏带系好，防止工作中前倾后仰或其他原因造成滑落。

[2] 生产厂家人员进入设备区工作未戴安全帽。

违规照片

生产厂家人员进入设备区工作未戴安全帽

违反条款

Q/GDW 1799.1—2013《国家电网公司电力安全工作规程　变电部分》第 4.3.4 条规定，进入作业现场应正确佩戴安全帽，现场作业人员应穿全棉长袖工作服、绝缘鞋。

《国家电网公司电力安全工器具管理规定》中附录 J 安全工器具检查与使用要求规定，任何人员进入生产、施工现场必须正确佩戴安全帽。针对不同的生产场所，根据安全帽产品说明选择适用的安全帽。

其他相关条款

《国家电网公司电力安全工作规程（配电部分）（试行）》第 2.1.6 条和 Q/GDW 1799.2—2013《国家电网公司电力安全工作规程　线路部分》第 4.3.4 条规定，进入作业现场应正确佩戴安全帽，现场作业人员应穿全棉长袖工作服、绝缘鞋。

[3] 基坑内施工人员未佩戴安全帽。

违规照片

基坑内施工人员未佩戴安全帽

违反条款

DL 5009.2—2013《电力建设安全工作规程　第 2 部分：电力线路》第 3.1.13 条规定，进入施工区的人员应正确佩戴安全帽。

《国家电网公司电力安全工作规程（电网建设部分）（试行）》第 3.1.3 条规定，进入施工现场的人员应正确佩戴安全帽，根据作业工种或场所需要选配个人防护装备。

《国家电网公司电力安全工器具管理规定》中附录 J 安全工器具检查与使用要求规定，任何人员进入生产、施工现场必须正确佩戴安全帽。针对不同的生产场所，根据安全帽产品说明选择适用的安全帽。

其他相关条款

DL 5009.3—2013《电力建设安全工作规程　第 3 部分：变电站》第 3.2.7 条规定，进入施工现场的人员应正确佩戴安全帽，根据作业工种或场所需要选配个体防护装备。

1.2 未按规定穿工作服、绝缘鞋

[4] 进入变电站工作未穿工作服和绝缘鞋。

违规照片

进入变电站工作未穿工作服和绝缘鞋

违反条款

Q/GDW 1799.1—2013《国家电网公司电力安全工作规程 变电部分》第 4.3.4 条规定，进入作业现场应正确佩戴安全帽，现场作业人员应穿全棉长袖工作服、绝缘鞋。

其他相关条款

《国家电网公司电力安全工作规程（配电部分）（试行）》第 2.1.6 条和 Q/GDW 1799.2—2013《国家电网公司电力安全工作规程 线路部分》第 4.3.4 条规定，进入作业现场应正确佩戴安全帽，现场作业人员应穿全棉长袖工作服、绝缘鞋。

[5] 施工人员未佩戴安全帽且未穿工作服。

违规照片

施工人员未佩戴安全帽且未穿工作服

违反条款

DL 5009.2—2013《电力建设安全工作规程 第 2 部分：电力线路》第 3.1.13 条规定，进入施工区的人员应正确佩戴安全帽。第 3.1.14 条规定，施工人员应正确配用个人劳动防护用品及安全防护用品。

《国家电网公司电力安全工作规程（电网建设部分）》第 2.2.8 条规定，作业人员应严格遵守现场安全作业规章制度和作业规程，服从管理，正确使用安全工器具和个人安全防护用品。

其他相关条款

DL 5009.3—2013《电力建设安全工作规程 第 3 部分：变电站》第 3.2.7 条规定，进入施工现场的人员应正确佩戴安全帽，根据作业工种或场所需要选配个人防护装备。施工作业人员不得穿拖鞋、凉鞋、高跟鞋，以及短裤、裙子等进入施工现场。

1.3 未按规定使用安全带

[6] 在输电线路铁塔上移动时未使用安全带和后备保护绳。

违规照片

作业人员移动时未使用安全带和后备保护绳

违反条款

Q/GDW 1799.2—2013《国家电网公司电力安全工作规程　线路部分》第 9.2.4 条规定，在杆塔上作业时，应使用有后备保护绳或速差自锁器的双控背带式安全带，当后备保护绳超过 3m 时，应使用缓冲器。安全带和后备保护绳应分别挂在杆塔不同部位的牢固构件上。后备保护绳不准对接使用。第 10.10 条规定，高处作业人员在作业过程中，应随时检查安全带是否拴牢。高处作业人员在转移作业位置时不准失去安全保护。

《国家电网公司电力安全工器具管理规定》中附录 J 安全工器具检查与使用要求规定，2m 及以上高处作业应使用安全带。高处作业人员在转移作业位置时不准失去安全保护。

其他相关条款

Q/GDW 1799.3—2015《国家电网公司电力安全工作规程　第 3 部分：水电厂动力部分》第 15.1.11 条规定，高处作业人员在作业过程中，应随时检查安全带是否拴牢。高处作业人员在移动作业位置时不得失去保护。水平移动时，应使用水平绳或增设临时扶手，移动频繁时，宜使用双钩安全带。垂直转移时，宜使用安全自锁装置或速差自控器。

Q/GDW 11370—2015《国家电网公司电工制造安全工作规程》第 6.3.1.12 条规定，高处作业过程中，应随时检查安全带和后备防护设施绑扎的牢固情况。禁止将安全带低挂高用。第 6.3.1.13 条规定，高处作业人员在攀登或转移作业位置过程中不得失去保护。

[7] 输电线路高处作业时，未将安全带和后备保护绳挂在杆塔不同部位的牢固构件上。

违规照片

作业人员安全带和后备保护绳未挂在杆塔不同部位的牢固构件上

违反条款

Q/GDW 1799.2—2013《国家电网公司电力安全工作规程 线路部分》第 9.2.4 条规定，在杆塔上作业时，应使用有后备保护绳或速差自锁器的双控背带式安全带，当后备保护绳超过 3m 时，应使用缓冲器。安全带和后备保护绳应分别挂在杆塔不同部位的牢固构件上。后备保护绳不准对接使用。第 10.10 条规定，高处作业人员在作业过程中，应随时检查安全带是否挂牢。高处作业人员在转移作业位置时不准失去安全保护。

《国家电网公司电力安全工器具管理规定》中附录 J 安全工器具检查与使用要求规定，2m 及以上高处作业应使用安全带。高处作业人员在转移作业位置时不准失去安全保护。

其他相关条款

Q/GDW 1799.3—2015《国家电网公司电力安全工作规程 第 3 部分：水电厂动力部分》第 15.1.11 条规定，高处作业人员在作业过程中，应随时检查安全带是否拴牢。高处作业人员在移动作业位置时不得失去保护。水平移动时，应使用水平绳或增设临时扶手，移动频繁时，宜使用双钩安全带。垂直转移时，宜使用安全自锁装置或速差自控器。

Q/GDW 11370—2015《国家电网公司电工制造安全工作规程》第 6.3.1.12 条规定，高处作业过程中，应随时检查安全带和后备防护设施绑扎的牢固情况。禁止将安全带低挂高用。第 6.3.1.13 条规定，高处作业人员在攀登或转移作业位置过程中不得失去保护。

[8] 变压器台区作业人员安全带的挂钩或绳子未固定在结实牢固的构件上。

违规照片

作业人员安全带的挂钩或绳子未固定在结实牢固的构件上

违反条款

《国家电网公司电力安全工作规程（配电部分）（试行）》第 17.1.10 条规定，在屋顶及其他危险的边沿工作，临空一面应装设安全网或防护栏杆，否则，作业人员应使用安全带。第 17.2.2 条规定，安全带的挂钩或绳子应挂在结实牢固的构件上或专为挂安全带用的钢丝绳上，并应采用高挂低用的方式。禁止挂在移动或不牢固的物件上［如隔离开关（刀闸）支持绝缘子、母线支柱绝缘子、避雷器支柱绝缘子等］。第 17.2.4 条规定，作业人员作业过程中，应随时检查安全带是否拴牢。高处作业人员在转移作业位置时不得失去安全保护。第 17.1.6 条规定，高处作业使用的安全带应符合 GB 6095《安全带》的要求。

GB 6095—2009《安全带》附录 A 安全带的分类与构成中第 A.1 条规定，按照使用条件的不同，安全带分为围杆作业安全带、区域限制安全带、坠落悬挂安全带。

《国家电网公司电力安全工器具管理规定》中附录 J 安全工器具检查与使用要求规定，2m 及以上高处作业应使用安全带。高处作业人员在转移作业位置时不准失去安全保护。

其他相关条款

Q/GDW 1799.3—2015《国家电网公司电力安全工作规程　第 3 部分：水电厂动力部分》第 15.1.11 条规定，高处作业人员在作业过程中，应随时检查安全带是否拴牢。高处作业人员在移动作业位置时不得失去保护。水平移动时，应使用水平绳或增设临时扶手，移动频繁时，宜使用双钩安全带。垂直转移时，宜使用安全自锁装置或速差自控器。

Q/GDW 11370—2015《国家电网公司电工制造安全工作规程》第 6.3.1.12 条规定，高处作业过程中，应随时检查安全带和后备防护设施绑扎的牢固情况。禁止将安全带低挂高用。第 6.3.1.13 条规定，高处作业人员在攀登或转移作业位置过程中不得失去保护。

Q/GDW 1799.2—2013《国家电网公司电力安全工作规程　线路部分》第 9.2.4 条规定，在杆塔上作业时，应使用有后备保护绳或速差自锁器的双控背带式安全带，当后备保护绳超过 3m 时，应使用缓冲器。安全带和后备保护绳应分别挂在杆塔不同部位的牢固构件上。后备保护绳不准对接使用。第 10.10 条规定，高处作业人员在作业过程中，应随时检查安全带是否拴牢。高处作业人员在转移作业位置时不准失去安全保护。

[9] 施工人员在深基坑竖井临边高处作业时未使用安全带。

违规照片

施工人员在深基坑竖井临边高处作业时未使用安全带

违反条款

《国家电网公司电力安全工作规程（配电部分）（试行）》第 17.1.10 条规定，在屋顶及其他危险的边沿工作，临空一面应装设安全网或防护栏杆，否则，作业人员应使用安全带。第 17.2.2 条规定，安全带的挂钩或绳子应挂在结实牢固的构件上或专为挂安全带用的钢丝绳上，并应采用高挂低用的方式。禁止挂在移动或不牢固的物件上［如隔离开关（刀闸）支持绝缘子、母线支柱绝缘子、避雷器支柱绝缘子等］。第 17.2.4 条规定，作业人员作业过程中，应随时检查安全带是否拴牢。高处作业人员在转移作业位置时不得失去安全保护。第 17.1.6 条规定，高处作业使用的安全带应符合 GB 6095《安全带》的要求。

GB 6095—2009《安全带》附录 A 安全带的分类与构成中第 A.1 条规定，按照使用条件的不同，安全带分为围杆作业安全带、区域限制安全带、坠落悬挂安全带。

《国家电网公司电力安全工器具管理规定》中附录 J 安全工器具检查与使用要求规定，2m 及以上高处作业应使用安全带。高处作业人员在转移作业位置时不准失去安全保护。

其他相关条款

Q/GDW 1799.3—2015《国家电网公司电力安全工作规程 第 3 部分：水电厂动力部分》第 15.1.11 条规定，高处作业人员在作业过程中，应随时检查安全带是否拴牢。高处作业人员在移动作业位置时不得失去保护。水平移动时，应使用水平绳或增设临时扶手，移动频繁时，宜使用双钩安全带。垂直转移时，宜使用安全自锁装置或速差自控器。

Q/GDW 11370—2015《国家电网公司电工制造安全工作规程》第 6.3.1.12 条规定，高处作业过程中，应随时检查安全带和后备防护设施绑扎的牢固情况。禁止将安全带低挂高用。第 6.3.1.13 条规定，高处作业人员在攀登或转移作业位置过程中不得失去保护。

Q/GDW 1799.2—2013《国家电网公司电力安全工作规程 线路部分》第 9.2.4 条规定，在杆塔上作业时，应使用有后备保护绳或速差自锁器的双控背带式安全带，当后备保护绳超过 3m 时，应使用缓冲器。安全带和后备保护绳应分别挂在杆塔不同部位的牢固构件上。后备保护绳不准对接使用。第 10.10 条规定，高处作业人员在作业过程中，应随时检查安全带是否拴牢。高处作业人员在转移作业位置时不准失去安全保护。

[10] 作业人员上下杆过程中未使用围杆带。

违规照片

作业人员上下杆过程中未使用围杆带

违反条款

《国家电网公司电力安全工作规程（配电部分）（试行）》第 17.1.10 条规定，在屋顶及其他危险的边沿工作，临空一面应装设安全网或防护栏杆，否则，作业人员应使用安全带。第 17.2.2 条规定，安全带的挂钩或绳子应挂在结实牢固的构件上或专为挂安全带用的钢丝绳上，并应采用高挂低用的方式。禁止挂在移动或不牢固的物件上［如隔离开关（刀闸）支持绝缘子、母线支柱绝缘子、避雷器支柱绝缘子等］。第 17.2.4 条规定，作业人员作业过程中，应随时检查安全带是否拴牢。高处作业人员在转移作业位置时不得失去安全保护。第 17.1.6 条规定，高处作业使用的安全带应符合 GB 6095《安全带》的要求。

GB 6095—2009《安全带》附录 A 安全带的分类与构成中第 A.1 条规定，按照使用条件的不同，安全带分为围杆作业安全带、区域限制安全带、坠落悬挂安全带。

《国家电网公司电力安全工器具管理规定》中附录 J 安全工器具检查与使用要求规定，2m 及以上高处作业应使用安全带。高处作业人员在转移作业位置时不准失去安全保护。

其他相关条款

Q/GDW 1799.3—2015《国家电网公司电力安全工作规程　第 3 部分：水电厂动力部分》第 15.1.11 条规定，高处作业人员在作业过程中，应随时检查安全带是否拴牢。高处作业人员在移动作业位置时不得失去保护。水平移动时，应使用水平绳或增设临时扶手，移动频繁时，宜使用双钩安全带。垂直转移时，宜使用安全自锁装置或速差自控器。

Q/GDW 11370—2015《国家电网公司电工制造安全工作规程》第 6.3.1.12 条规定，高处作业过程中，应随时检查安全带和后备防护设施绑扎的牢固情况。禁止将安全带低挂高用。第 6.3.1.13 条规定，高处作业人员在攀登或转移作业位置过程中不得失去保护。

Q/GDW 1799.2—2013《国家电网公司电力安全工作规程　线路部分》第 9.2.4 条规定，在杆塔上作业时，应使用有后备保护绳或速差自锁器的双控背带式安全带，当后备保护绳超过 3m 时，应使用缓冲器。安全带和后备保护绳应分别挂在杆塔不同部位的牢固构件上。后备保护绳不准对接使用。第 10.10 条规定，高处作业人员在作业过程中，应随时检查安全带是否拴牢。高处作业人员在转移作业位置时不准失去安全保护。

[11] 安全带未系腿上系带。

违规照片

作业人员未系腿上系带

违反条款

《国家电网公司电力安全工作规程（配电部分）（试行）》第 17.1.10 条规定，在屋顶及其他危险的边沿工作，临空一面应装设安全网或防护栏杆，否则，作业人员应使用安全带。第 17.2.2 条规定，安全带的挂钩或绳子应挂在结实牢固的构件上或专为挂安全带用的钢丝绳上，并应采用高挂低用的方式。禁止挂在移动或不牢固的物件上［如隔离开关（刀闸）支持绝缘子、母线支柱绝缘子、避雷器支柱绝缘子等］。第 17.2.4 条规定，作业人员作业过程中，应随时检查安全带是否拴牢。高处作业人员在转移作业位置时不得失去安全保护。第 17.1.6 条规定，高处作业使用的安全带应符合 GB 6095《安全带》的要求。

GB 6095—2009《安全带》附录 A 安全带的分类与构成中第 A.1 条规定，按照使用条件的不同，安全带分为围杆作业安全带、区域限制安全带、坠落悬挂安全带。

《国家电网公司电力安全工器具管理规定》中附录 J 安全工器具检查与使用要求规定，2m 及以上高处作业应使用安全带。高处作业人员在转移作业位置时不准失去安全保护。

其他相关条款

Q/GDW 1799.3—2015《国家电网公司电力安全工作规程　第 3 部分：水电厂动力部分》第 15.1.11 条规定，高处作业人员在作业过程中，应随时检查安全带是否拴牢。高处作业人员在移动作业位置时不得失去保护。水平移动时，应使用水平绳或增设临时扶手，移动频繁时，宜使用双钩安全带。垂直转移时，宜使用安全自锁装置或速差自控器。

Q/GDW 11370—2015《国家电网公司电工制造安全工作规程》第 6.3.1.12 条规定，高处作业过程中，应随时检查安全带和后备防护设施绑扎的牢固情况。禁止将安全带低挂高用。第 6.3.1.13 条规定，高处作业人员在攀登或转移作业位置过程中不得失去保护。

Q/GDW 1799.2—2013《国家电网公司电力安全工作规程　线路部分》第 9.2.4 条规定，在杆塔上作业时，应使用有后备保护绳或速差自锁器的双控背带式安全带，当后备保护绳超过 3m 时，应使用缓冲器。安全带和后备保护绳应分别挂在杆塔不同部位的牢固构件上。后备保护绳不准对接使用。第 10.10 条规定，高处作业人员在作业过程中，应随时检查安全带是否拴牢。高处作业人员在转移作业位置时不准失去安全保护。

1.4 未按规定使用护目镜

[12] 砂轮机切割作业人员未佩戴护目镜。

违规照片

手持砂轮机切割作业人员未佩戴护目镜

违反条款

Q/GDW 1799.1—2013《国家电网公司电力安全工作规程 变电部分》和 Q/GDW 1799.2—2013《国家电网公司电力安全工作规程 线路部分》第 16.4.1.8 条规定，使用砂轮研磨时，应戴防护眼镜或装设防护玻璃。用砂轮磨工具时应使火星向下。不准用砂轮的侧面研磨。

其他相关条款

《国家电网公司电力安全工作规程（火电厂动力部分）》第 4.4.1.8 条规定，使用砂轮研磨时，应戴防护眼镜或装设防护玻璃。用砂轮磨工具时应使火星向下。使用时操作人员应站在锯片的侧面，锯片应缓慢地靠近被锯物件，不准用力过猛。

Q/GDW 1799.3—2015《国家电网公司电力安全工作规程 第 3 部分：水电厂动力部分》第 7.4.1 条 h）款规定，使用砂轮研磨时，应戴防护眼镜或装设防护玻璃。用砂轮磨工具时应使火星向下。不准用砂轮的侧面研磨。无齿锯应符合上述各项规定。使用时操作人员应站在锯片的侧面，锯片应缓慢地靠近被锯物件，不准用力过猛。砂轮机的旋转方向不准正对其他机器、设备。两人以上不得同时使用同一台砂轮机。

2

"两票"
填写和执行不规范

[13] 错误填写工作许可的线路名称且工作票任务单登记栏未填写许可时间。

违规照片

工作地点"10kV 骨伤科路"
误写成"10kV 沟北路"

未填写许可时间

工作票线路名称填错且许可时间未填

违反条款

《国家电网公司电力安全工作规程（配电部分）（试行）》第 3.3.2 条规定，填用配电第一种工作票的工作：配电工作，需要将高压线路、设备停电或做安全措施者。第 3.3.8.2 条规定，工作票票面上的时间、工作地点、线路名称、设备双重名称（即设备名称和编号）、动词等关键字不得涂改。若有个别错、漏字需要修改、补充时，应使用规范的符号，字迹应清楚。第 3.4.9 条规定，当面许可，工作许可人和工作负责人应在工作票上记录许可时间，并分别签名。第 3.5.1 条规定，工作许可后，工作负责人、专责监护人应向工作班成员交待工作内容、人员分工、带电部位和现场安全措施，告知危险点，并履行签名确认手续，方可下达开始工作的命令。

其他相关条款

Q/GDW 1799.1—2013《国家电网公司电力安全工作规程 变电部分》第 6.3.7.1 条规定，工作票应使用黑色或蓝色的钢（水）笔或圆珠笔填写与签发，一式两份，内容应正确，填写应清楚，不得任意涂改。如有个别错、漏字需要修改，应使用规范的符号，字迹应清楚。第 6.4.1 条规定，工作许可人在完成施工现场的安全措施后，还应完成以下手续，工作班方可开始工作：会同工作负责人到现场再次检查所做的安全措施，对具体的设备指明实际的隔离措施，证明检修设备确无电压。对工作负责人指明带电设备的位置和注意事项。和工作负责人在工作票上分别确认、签名。第 6.5.1 条规定，工作许可手续完成后，工作负责人、专责监护人应向工作班成员交待工作内容、人员分工、带电部位和现场安全措施，进行危险点告知，并履行确认手续，工作班方可开始工作。

[14] 10kV 线路停电制作电缆头，工作现场误用电力电缆第二种工作票。

违规照片

正确示例

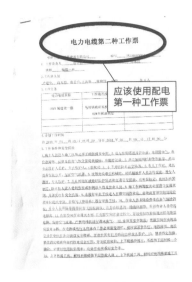

误用的电力电缆第二种工作票

新配电第一种工作票示例

违反条款

《国家电网公司电力安全工作规程（配电部分）（试行）》第 3.3.2 条规定，填用配电第一种工作票的工作：配电工作，需要将高压线路、设备停电或做安全措施者。第 3.3.8.2 条规定，工作票票面上的时间、工作地点、线路名称、设备双重名称（即设备名称和编号）、动词等关键字不得涂改。若有个别错、漏字需要修改、补充时，应使用规范的符号，字迹应清楚。第 3.4.9 条规定，当面许可，工作许可人和工作负责人应在工作票上记录许可时间，并分别签名。第 3.5.1 条规定，工作许可后，工作负责人、专责监护人应向工作班成员交待工作内容、人员分工、带电部位和现场安全措施，告知危险点，并履行签名确认手续，方可下达开始工作的命令。

其他相关条款

Q/GDW 1799.1—2013《国家电网公司电力安全工作规程　变电部分》第 6.3.7.1 条规定，工作票应使用黑色或蓝色的钢（水）笔或圆珠笔填写与签发，一式两份，内容应正确，填写应清楚，不得任意涂改。如有个别错、漏字需要修改，应使用规范的符号，字迹应清楚。第 6.4.1 条规定，工作许可人在完成施工现场的安全措施后，还应完成以下手续，工作班方可开始工作：会同工作负责人到现场再次检查所做的安全措施，对具体的设备指明实际的隔离措施，证明检修设备确无电压。对工作负责人指明带电设备的位置和注意事项。和工作负责人在工作票上分别确认、签名。第 6.5.1 条规定，工作许可手续完成后，工作负责人、专责监护人应向工作班成员交待工作内容、人员分工、带电部位和现场安全措施，进行危险点告知，并履行确认手续，工作班方可开始工作。

[15] 配电线路第一种工作票填写错误。

违规照片

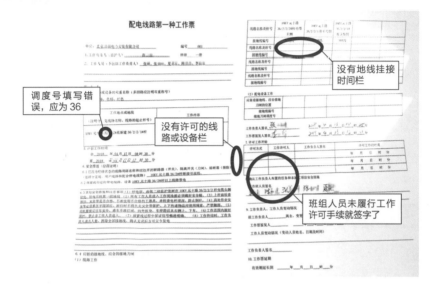

旧配电线路第一种工作票示例

正确示例

新配电线路第一种工作票示例

违反条款

《国家电网公司电力安全工作规程（配电部分）（试行）》第 3.3.2 条规定，填用配电第一种工作票的工作：配电工作，需要将高压线路、设备停电或做安全措施者。第 3.3.8.2 条规定，工作票票面上的时间、工作地点、线路名称、设备双重名称（即设备名称和编号）、动词等关键字不得涂改。若有个别错、漏字需要修改、补充时，应使用规范的符号，字迹应清楚。第 3.4.9 条规定，当面许可，工作许可人和工作负责人应在工作票上记录许可时间，并分别签名。第 3.5.1 条规定，工作许可后，工作负责人、专责监护人应向工作班成员交待工作内容、人员分工、带电部位和现场安全措施，告知危险点，并履行签名确认手续，方可下达开始工作的命令。

其他相关条款

Q/GDW 1799.1—2013《国家电网公司电力安全工作规程　变电部分》第 6.3.7.1 条规定，工作票应使用黑色或蓝色的钢（水）笔或圆珠笔填写与签发，一式两份，内容应正确，填写应清楚，不得任意涂改。如有个别错、漏字需要修改，应使用规范的符号，字迹应清楚。第 6.4.1 条规定，工作许可人在完成施工现场的安全措施后，还应完成以下手续，工作班方可开始工作：会同工作负责人到现场再次检查所做的安全措施，对具体的设备指明实际的隔离措施，证明检修设备确无电压。对工作负责人指明带电设备的位置和注意事项。和工作负责人在工作票上分别确认、签名。第 6.5.1 条规定，工作许可手续完成后，工作负责人、专责监护人应向工作班成员交待工作内容、人员分工、带电部位和现场安全措施，进行危险点告知，并履行确认手续，工作班方可开始工作。

[16] 工作票负责人漏签字。

违规照片

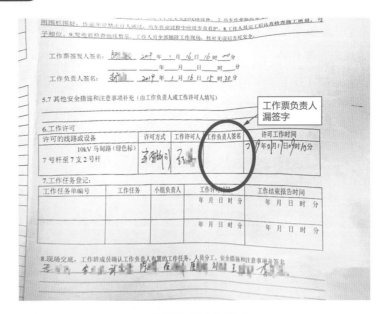

工作票负责人漏签字

违反条款

《国家电网公司电力安全工作规程（配电部分）（试行）》第3.3.2条规定，填用配电第一种工作票的工作：配电工作，需要将高压线路、设备停电或做安全措施者。第3.3.8.2条规定，工作票票面上的时间、工作地点、线路名称、设备双重名称（即设备名称和编号）、动词等关键字不得涂改。若有个别错、漏字需要修改、补充时，应使用规范的符号，字迹应清楚。第3.4.9条规定，当面许可，工作许可人和工作负责人应在工作票上记录许可时间，并分别签名。第3.5.1条规定，工作许可后，工作负责人、专责监护人应向工作班成员交待工作内容、人员分工、带电部位和现场安全措施，告知危险点，并履行签名确认手续，方可下达开始工作的命令。

其他相关条款

Q/GDW 1799.1—2013《国家电网公司电力安全工作规程　变电部分》第6.3.7.1条规定，工作票应使用黑色或蓝色的钢（水）笔或圆珠笔填写与签发，一式两份，内容应正确，填写应清楚，不得任意涂改。如有个别错、漏字需要修改，应使用规范的符号，字迹应清楚。第 6.4.1 条规定，工作许可人在完成施工现场的安全措施后，还应完成以下手续，工作班方可开始工作：会同工作负责人到现场再次检查所做的安全措施，对具体的设备指明实际的隔离措施，证明检修设备确无电压。对工作负责人指明带电设备的位置和注意事项。和工作负责人在工作票上分别确认、签名。第 6.5.1 条规定，工作许可手续完成后，工作负责人、专责监护人应向工作班成员交待工作内容、人员分工、带电部位和现场安全措施，进行危险点告知，并履行确认手续，工作班方可开始工作。

[17] 工作任务单线路色标填写错误。

违规照片

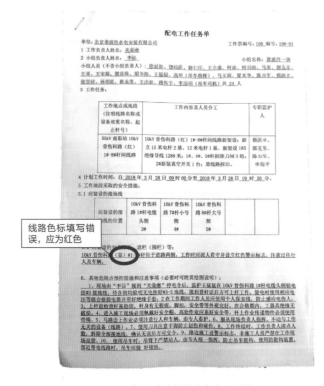

工作任务单线路色标写错

违反条款

《国家电网公司电力安全工作规程（配电部分）（试行）》第 3.3.2 条规定，填用配电第一种工作票的工作：配电工作，需要将高压线路、设备停电或做安全措施者。第 3.3.8.2 条规定，工作票票面上的时间、工作地点、线路名称、设备双重名称（即设备名称和编号）、动词等关键字不得涂改。若有个别错、漏字需要修改、补充时，应使用规范的符号，字迹应清楚。第 3.4.9 条规定，当面许可，工作许可人和工作负责人应在工作票上记录许可时间，并分别签名。第 3.5.1 条规定，工作许可后，工作负责人、专责监护人应向工作班成员交待工作内容、人员分工、带电部位和现场安全措施，告知危险点，并履行签名确认手续，方可下达开始工作的命令。

其他相关条款

Q/GDW 1799.1—2013《国家电网公司电力安全工作规程　变电部分》第 6.3.7.1 条规定，工作票应使用黑色或蓝色的钢（水）笔或圆珠笔填写与签发，一式两份，内容应正确，填写应清楚，不得任意涂改。如有个别错、漏字需要修改，应使用规范的符号，字迹应清楚。第 6.4.1 条规定，工作许可人在完成施工现场的安全措施后，还应完成以下手续，工作班方可开始工作：会同工作负责人到现场再次检查所做的安全措施，对具体的设备指明实际的隔离措施，证明检修设备确无电压。对工作负责人指明带电设备的位置和注意事项。和工作负责人在工作票上分别确认、签名。第 6.5.1 条规定，工作许可手续完成后，工作负责人、专责监护人应向工作班成员交待工作内容、人员分工、带电部位和现场安全措施，进行危险点告知，并履行确认手续，工作班方可开始工作。

[18] 工作负责人变更未履行变更手续。

违规照片

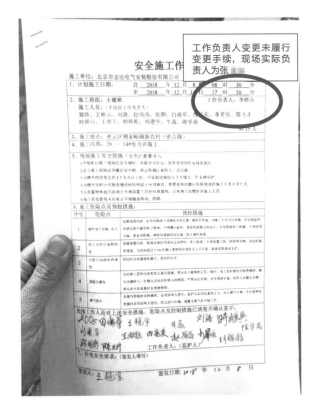

工作负责人变更未履行变更手续

违反条款

《国家电网公司电力安全工作规程（电网建设部分）（试行）》第 2.5.3.3.5 条规定，变更作业负责人或增加作业任务，若作业票签发人无法当面办理，应通过电话联系，并在作业票备注栏内注明需要变更作业负责人姓名和时间。

其他相关条款

Q/GDW 1799.1—2013《国家电网公司电力安全工作规程　变电部分》第 6.3.8.9 条规定，变更工作负责人或增加工作任务，如工作票签发人无法当面办理，应通过电话联系，并在工作票登记簿和工作票上注明。

Q/GDW 1799.1—2013《国家电网公司电力安全工作规程　变电部分》第 6.5.4 条和 Q/GDW 1799.2—2013《国家电网公司电力安全工作规程　线路部分》第 5.5.3 条规定，若工作负责人必须长时间离开工作现场时，应由原工作票签发人变更工作负责人，履行变更手续，并告知全体作业人员及工作许可人。原、现工作负责人应做好必要的交接。

《国家电网公司电力安全工作规程（配电部分）（试行）》第 3.3.9.13 条规定，变更工作负责人或增加工作任务，若工作票签发人和工作许可人无法当面办理，应通过电话联系，并在工作票登记簿和工作票上注明。第 3.5.5 条规定，工作负责人若需长时间离开工作现场时，应由原工作票签发人变更工作负责人，履行变更手续，并告知全体工作班成员及所有工作许可人。原、现工作负责人应履行必要的交接手续，并在工作票上签名确认。

2.2 未按规定填写和执行操作票

[19] 未填写操作人姓名及操作日期。

违规照片

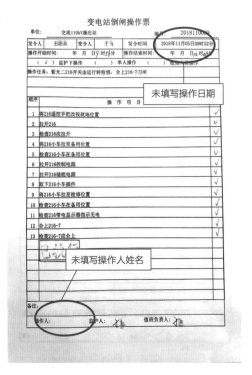

操作票未填写操作人姓名及操作日期

违反条款

Q/GDW 1799.1—2013《国家电网公司电力安全工作规程　变电部分》第5.3.4.2条规定，操作票票面应清楚整洁，不得任意涂改。操作票应填写设备的双重名称。操作人和监护人应根据模拟图或接线图核对所填写的操作项目，并分别手工或电子签名，然后经运维负责人（检修人员操作时由工作负责人）审核签名。

其他相关条款

《国家电网公司电力安全工作规程（配电部分）（试行）》第5.2.5.3条规定，操作人和监护人应根据模拟图或接线图核对所填写的操作项目，分别手工或电子签名。第 5.2.5.4 条规定，操作票应用黑色或蓝色的钢（水）笔或圆珠笔逐项填写。操作票票面上的时间、地点、线路名称、杆号（位置）、设备双重名称、动词等关键字不得涂改。若有个别错、漏字需要修改、补充时，应使用规范的符号，字迹应清楚。

[20] 现场操作前未进行核对性模拟预演，模拟图版与实际设备不符。

违规照片

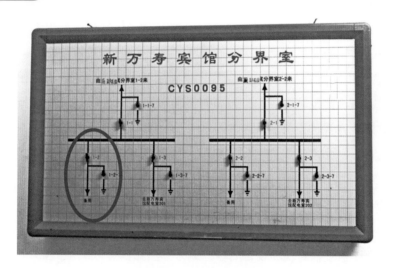

模拟图版（在合闸位置）

实际设备图（在分闸位置）

违反条款

《国家电网公司电力安全工作规程（配电部分）（试行）》第 5.2.3.1 条规定，倒闸操作要求有与现场高压配电线路、设备和实际相符的系统模拟图或接线图（包括各种电子接线图）。第 5.2.6.1 条规定，倒闸操作前，应核对线路名称、设备双重名称和状态。第 5.2.6.2 条规定，现场倒闸操作应执行唱票、复诵制度，宜全过程录音。操作人应按操作票填写的顺序逐项操作，每操作完一项，应检查确认后做一个"√"记号，全部操作完毕后进行复查。复查确认后，受令人应立即汇报发令人。

其他相关条款

Q/GDW 1799.1—2013《国家电网公司电力安全工作规程　变电部分》第 5.3.5.1 条规定，倒闸操作的要求有与现场一次设备和实际运行方式相符的一次系统模拟图（包括各种电子接线图）。第 5.3.6.2 条规定，现场开始操作前，应先在模拟图（或微机防误装置、微机监控装置）上进行核对性模拟预演，无误后，再进行操作。操作前应先核对系统方式、设备名称、编号和位置，操作中应认真执行监护复诵制度，宜全过程录音。操作过程中应按操作票填写的顺序逐项操作。每操作完一步，应检查无误后做一个"√"记号，全部操作完毕后进行复查。

Q/GDW 1799.2—2013《国家电网公司电力安全工作规程　线路部分》第 7.2.3 条规定，倒闸操作前，应按操作票顺序在模拟图或接线图上预演核对无误后执行。操作前、后，都应检查核对现场设备名称、编号和断路器（开关）、隔离开关（刀闸）的分、合位置。

3

安全组织
措施不落实

[21] 专责监护人在监护过程中兼做其他工作。

违规照片

专责监护人监护中收拾喷枪

违反条款

《国家电网公司电力安全工作规程（配电部分）（试行）》第 3.5.4 条规定，工作票签发人、工作负责人对有触电危险、检修（施工）复杂容易发生事故的工作，应增设专责监护人，并确定其监护的人员和工作范围。专责监护人不得兼做其他工作。第 6.7.5 条规定，为防止误登有电线路，登杆塔和在杆塔上工作时，每基杆塔都应设专人监护。

其他相关条款

Q/GDW 1799.2—2013《国家电网公司电力安全工作规程 线路部分》第 5.5.2 条规定，工作票签发人或工作负责人对有触电危险、施工复杂容易发生事故的工作，应增设专责监护人和确定被监护的人员。专责监护人不得兼做其他工作。第 8.3.5 条规定，为了防止在同杆塔架设多回线路中误登有电线路及直流线路中误登有电极，登杆塔和在杆塔上工作时，每基杆塔都应设专人监护。

Q/GDW 1799.1—2013《国家电网公司电力安全工作规程 变电部分》第 6.5.3 条规定，工作票签发人或工作负责人，应根据现场的安全条件、施工范围、工作需要等具体情况，增设专责监护人和确定被监护的人员。专责监护人不得兼做其他工作。

[22] 工作的低压线路与 10kV 高压带电线路同杆并架时，未设置专责监护人。

违规照片

未设置专责监护人

违反条款

《国家电网公司电力安全工作规程（配电部分）（试行）》第 3.5.4 条规定，工作票签发人、工作负责人对有触电危险、检修（施工）复杂容易发生事故的工作，应增设专责监护人，并确定其监护的人员和工作范围。专责监护人不得兼做其他工作。第 6.7.5 条规定，为防止误登有电线路，登杆塔和在杆塔上工作时，每基杆塔都应设专人监护。

其他相关条款

Q/GDW 1799.2—2013《国家电网公司电力安全工作规程　线路部分》第 5.5.2 条规定，工作票签发人或工作负责人对有触电危险、施工复杂容易发生事故的工作，应增设专责监护人和确定被监护的人员。专责监护人不得兼做其他工作。第 8.3.5 条规定，为了防止在同杆塔架设多回线路中误登有电线路及直流线路中误登有电极，登杆塔和在杆塔上工作时，每基杆塔都应设专人监护。

Q/GDW 1799.1—2013《国家电网公司电力安全工作规程　变电部分》第 6.5.3 条规定，工作票签发人或工作负责人，应根据现场的安全条件、施工范围、工作需要等具体情况，增设专责监护人和确定被监护的人员。专责监护人不得兼做其他工作。

4

安全技术
措施不到位

4.1 未按规定停电

[23] 变压器台区高压熔断器和低压隔离开关未拉开。

违规照片

未拉开高压熔断器

未拉开低压隔离开关

高压熔断器和低压隔离开关未拉开

违反条款

《国家电网公司电力安全工作规程（配电部分）（试行）》第 4.2.1 条规定，工作地点，应停电的线路和设备包含：危及线路停电作业安全，且不能采取相应安全措施的交叉跨越、平行或同杆（塔）架设线路。有可能从低压侧向高压侧反送电的设备。工作地段内有可能反送电的各分支线。第 4.2.3 条规定，停电时应拉开隔离开关（刀闸），手车开关应拉至试验或检修位置，使停电的线路和设备各端都有明显断开点。

其他相关条款

Q/GDW 1799.2—2013《国家电网公司电力安全工作规程　线路部分》第 6.2.1 条规定，进行线路停电作业前，应做好下列安全措施：断开发电厂、变电站、换流站、开闭所、配电站（所）（包括用户设备）等线路断路器（开关）和隔离开关（刀闸）。断开线路上需要操作的各端（含分支）断路器（开关）、隔离开关（刀闸）和熔断器。断开危及线路停电作业，且不能采取相应安全措施的交叉跨越、平行和同杆架设线路（包括用户线路）的断路器（开关）、隔离开关（刀闸）和熔断器。断开可能反送电的低压电源的断路器（开关）、隔离开关（刀闸）和熔断器。

Q/GDW 1799.1—2013《国家电网公司电力安全工作规程　变电部分》第7.2.2条规定，检修设备停电，应把各方面的电源完全断开（任何运行中的星形接线设备的中性点，应视为带电设备）。禁止在只经断路器（开关）断开电源或只经换流器闭锁隔离电源的设备上工作。应拉开隔离开关（刀闸），手车开关应拉至试验或检修位置，应使各方面有一个明显的断开点，若无法观察到停电设备的断开点，应有能够反映设备运行状态的电气和机械等指示。与停电设备有关的变压器和电压互感器，应将设备各侧断开，防止向停电检修设备反送电。第7.2.3条规定，检修设备和可能来电侧的断路器（开关）、隔离开关（刀闸）应断开控制电源和合闸能源，隔离开关（刀闸）操作把手应锁住，确保不会误送电。第7.2.4条规定，对难以做到与电源完全断开的检修设备，可以拆除设备与电源之间的电气连接。

[24] 变压器台区防止反送电的低压隔离开关未拉开。

违规照片

未拉开低压隔离开关

低压隔离开关未拉开

违反条款

《国家电网公司电力安全工作规程（配电部分）（试行）》第 4.2.1 条规定，工作地点，应停电的线路和设备包括：危及线路停电作业安全，且不能采取相应安全措施的交叉跨越、平行或同杆（塔）架设线路。有可能从低压侧向高压侧反送电的设备。工作地段内有可能反送电的各分支线。第 4.2.3 条规定，停电时应拉开隔离开关（刀闸），手车开关应拉至试验或检修位置，使停电的线路和设备各端都有明显断开点。

其他相关条款

Q/GDW 1799.2—2013《国家电网公司电力安全工作规程　线路部分》第 6.2.1 条规定，进行线路停电作业前，应做好下列安全措施：断开发电厂、变电站、换流站、开闭所、配电站（所）（包括用户设备）等线路断路器（开关）和隔离开关（刀闸）。断开线路上需要操作的各端（含分支）断路器（开关）、隔离开关（刀闸）和熔断器。断开危及线路停电作业，且不能采取相应安全措施的交叉跨越、平行和同杆架设线路（包括用户线路）的断路器（开关）、隔离开关（刀闸）和熔断器。断开可能反送电的低压电源的断路器（开关）、隔离开关（刀闸）和熔断器。

Q/GDW 1799.1—2013《国家电网公司电力安全工作规程　变电部分》第 7.2.2 条规定，检修设备停电，应把各方面的电源完全断开（任何运行中的星形接线设备的中性点，应视为带电设备）。禁止在只经断路器（开关）断开电源或只经换流器闭锁隔离电源的设备上工作。应拉开隔离开关（刀闸），手车开关应拉至试验或检修位置，应使各方面有一个明显的断开点，若无法观察到停电设备的断开点，应有能够反映设备运行状态的电气和机械等指示。与停电设备有关的变压器和电压互感器，应将设备各侧断开，防止向停电检修设备反送电。第 7.2.3 条规定，检修设备和可能来电侧的断路器（开关）、隔离开关（刀闸）应断开控制电源和合闸能源，隔离开关（刀闸）操作把手应锁住，确保不会误送电。第 7.2.4 条规定，对难以做到与电源完全断开的检修设备，可以拆除设备与电源之间的电气连接。

[25] 防止反送电的高压隔离开关未拉开。

违规照片

未拉开隔离开关
（刀闸）

高压隔离开关未拉开

违反条款

《国家电网公司电力安全工作规程（配电部分）（试行）》第 4.2.1 条规定，工作地点，应停电的线路和设备包括：危及线路停电作业安全，且不能采取相应安全措施的交叉跨越、平行或同杆（塔）架设线路。有可能从低压侧向高压侧反送电的设备。工作地段内有可能反送电的各分支线。第 4.2.3 条规定，停电时应拉开隔离开关（刀闸），手车开关应拉至试验或检修位置，使停电的线路和设备各端都有明显断开点。

其他相关条款

Q/GDW 1799.2—2013《国家电网公司电力安全工作规程 线路部分》第 6.2.1 条规定，进行线路停电作业前，应做好下列安全措施：断开发电厂、变电站、换流站、开闭所、配电站（所）（包括用户设备）等线路断路器（开关）和隔离开关（刀闸）。断开线路上需要操作的各端（含分支）断路器（开关）、隔离开关（刀闸）和熔断器。断开危及线路停电作业，且不能采取相应安全措施的交叉跨越、平行和同杆架设线路（包括用户线路）的断路器（开关）、隔离开关（刀闸）和熔断器。断开可能反送电的低压电源的断路器（开关）、隔离开关（刀闸）和熔断器。

　　Q/GDW 1799.1—2013《国家电网公司电力安全工作规程　变电部分》第 7.2.2 条规定，检修设备停电，应把各方面的电源完全断开（任何运行中的星形接线设备的中性点，应视为带电设备）。禁止在只经断路器（开关）断开电源或只经换流器闭锁隔离电源的设备上工作。应拉开隔离开关（刀闸），手车开关应拉至试验或检修位置，应使各方面有一个明显的断开点，若无法观察到停电设备的断开点，应有能够反映设备运行状态的电气和机械等指示。与停电设备有关的变压器和电压互感器，应将设备各侧断开，防止向停电检修设备反送电。第 7.2.3 条规定，检修设备和可能来电侧的断路器（开关）、隔离开关（刀闸）应断开控制电源和合闸能源，隔离开关（刀闸）操作把手应锁住，确保不会误送电。第 7.2.4 条规定，对难以做到与电源完全断开的检修设备，可以拆除设备与电源之间的电气连接。

[26] 邻近杆的接户线未做反电源措施，使杆上作业人员有触电危险。

违规照片

接户线未挂地线

违反条款

《国家电网公司电力安全工作规程（配电部分）（试行）》第 4.2.1 条规定，工作地点，应停电的线路和设备包括：危及线路停电作业安全，且不能采取相应安全措施的交叉跨越、平行或同杆（塔）架设线路。有可能从低压侧向高压侧反送电的设备。工作地段内有可能反送电的各分支线。第 4.2.3 条规定，停电时应拉开隔离开关（刀闸），手车开关应拉至试验或检修位置，使停电的线路和设备各端都有明显断开点。

其他相关条款

Q/GDW 1799.2—2013《国家电网公司电力安全工作规程　线路部分》第 6.2.1 条规定，进行线路停电作业前，应做好下列安全措施：断开发电厂、变电站、换流站、开闭所、配电站（所）（包括用户设备）等线路断路器（开关）和隔离开关（刀闸）。断开线路上需要操作的各端（含分支）断路器（开关）、隔离开关（刀闸）和熔断器。断开危及线路停电作业，且不能采取相应安全措施的交叉跨越、平行和同杆架设线路（包括用户线路）的断路器（开关）、隔离开关（刀闸）和熔断器。断开可能反送电的低压电源的断路器（开关）、隔离开关（刀闸）和熔断器。

Q/GDW 1799.1—2013《国家电网公司电力安全工作规程　变电部分》第 7.2.2 条规定，检修设备停电，应把各方面的电源完全断开（任何运行中的星形接线设备的中性点，应视为带电设备）。禁止在只经断路器（开关）断开电源或只经换流器闭锁隔离电源的设备上工作。应拉开隔离开关（刀闸），手车开关应拉至试验或检修位置，应使各方面有一个明显的断开点，若无法观察到停电设备的断开点，应有能够反映设备运行状态的电气和机械等指示。与停电设备有关的变压器和电压互感器，应将设备各侧断开，防止向停电检修设备反送电。第 7.2.3 条规定，检修设备和可能来电侧的断路器（开关）、隔离开关（刀闸）应断开控制电源和合闸能源，隔离开关（刀闸）操作把手应锁住，确保不会误送电。第 7.2.4 条规定，对难以做到与电源完全断开的检修设备，可以拆除设备与电源之间的电气连接。

4.2 未按规定验电

[27] 配电线路验电过程无人监护。

未设置
监护人

配电线路验电过程无人监护

违反条款

《国家电网公司电力安全工作规程（配电部分）（试行）》第 4.3.1 条规定，架空配电线路和高压配电设备验电应有人监护。

其他相关条款

Q/GDW 1799.2—2013《国家电网公司电力安全工作规程　线路部分》第 6.3.2 条规定，验电前，应先在有电设备上进行试验，确认验电器良好；无法在有电设备上进行试验时，可用工频高压发生器等确证验电器良好。验电时人体应与被验电设备保持规程中表 3 规定的距离，并设专人监护。使用伸缩式验电器时应保证绝缘的有效长度。

[28] 线路验电未戴绝缘手套。

违规照片

线路验电未戴绝缘手套

违反条款

Q/GDW 1799.2—2013《国家电网公司电力安全工作规程 线路部分》第 6.3.1 条规定，在停电线路工作地段接地前，应使用相应电压等级、合格的接触式验电器验明线路确无电压。验电时应戴绝缘手套。

其他相关条款

《国家电网公司电力安全工作规程（配电部分）（试行）》第 4.3.3 条规定，高压验电时，人体与被验电的线路、设备的带电部位应保持规程中表 3-1 规定的安全距离。使用伸缩式验电器，绝缘棒应拉到位，验电时手应握在手柄处，不得超过护环，宜戴绝缘手套。

雨雪天气室外设备宜采用间接验电；若直接验电，应使用雨雪型验电器，并戴绝缘手套。

4.3 未按规定装设接地线

[29] 用户隔离开关未拉开就装设接地线。

违规照片

用户隔离开关未拉开就装设接地线

违反条款

《国家电网公司电力安全工作规程（配电部分）（试行）》第4.2.3条规定，停电时应拉开隔离开关（刀闸），手车开关应拉至试验或检修位置，使停电的线路和设备各端都有明显断开点。第4.4.1条规定，当验明确已无电压后，应立即将检修的高压配电线路和设备接地并三相短路，工作地段各端和工作地段内有可能反送电的各分支线都应接地。第4.4.3条规定，配合停电的交叉跨越或邻近线路，在线路的交叉跨越或邻近处附近应装设一组接地线。

其他相关条款

Q/GDW 1799.2—2013《国家电网公司电力安全工作规程　线路部分》第6.2.2条规定，停电设备的各端，应有明显的断开点，若无法观察到停电设备的断开点，应有能够反映设备运行状态的电气和机械等指示。第6.4.1条规定，线路经验明确无电压后，应立即装设接地线并三相短路。各工作班工作地段各端和工作地段内有可能反送电的各分支线（包括用户）都应接地。直流接地极线路，作业点两端应装设接地线。配合停电的线路可以只在工作地点附近装设一组工作接地线。装、拆接地线应在监护下进行。工作接地线应全部列入工作票，工作负责人应确认所有工作接地线均已挂设完成方可宣布开工。

[30] 路灯线未装设接地线。

违规照片

路灯线未装设接地线

违反条款

《国家电网公司电力安全工作规程（配电部分）（试行）》第 4.2.3 条规定，停电时应拉开隔离开关（刀闸），手车开关应拉至试验或检修位置，使停电的线路和设备各端都有明显断开点。第 4.4.1 条规定，当验明确已无电压后，应立即将检修的高压配电线路和设备接地并三相短路，工作地段各端和工作地段内有可能反送电的各分支线都应接地。第 4.4.3 条规定，配合停电的交叉跨越或邻近线路，在线路的交叉跨越或邻近处附近应装设一组接地线。

其他相关条款

Q/GDW 1799.2—2013《国家电网公司电力安全工作规程 线路部分》第 6.2.2 条

规定，停电设备的各端，应有明显的断开点，若无法观察到停电设备的断开点，应有能够反映设备运行状态的电气和机械等指示。第 6.4.1 条规定，线路经验明确无电压后，应立即装设接地线并三相短路。各工作班工作地段各端和工作地段内有可能反送电的各分支线（包括用户）都应接地。直流接地极线路，作业点两端应装设接地线。配合停电的线路可以只在工作地点附近装设一组工作接地线。装、拆接地线应在监护下进行。工作接地线应全部列入工作票，工作负责人应确认所有工作接地线均已挂设完成方可宣布开工。

[31] 工作地点跨越 0.4kV 低压线路，停电后未装设接地线。

违规照片

工作地点跨越 0.4kV 低压线路，停电后未装设接地线

违反条款

《国家电网公司电力安全工作规程（配电部分）（试行）》第 4.2.3 条规定，停电时应拉开隔离开关（刀闸），手车开关应拉至试验或检修位置，使停电的线路和设备

各端都有明显断开点。第 4.4.1 条规定，当验明确已无电压后，应立即将检修的高压配电线路和设备接地并三相短路，工作地段各端和工作地段内有可能反送电的各分支线都应接地。第 4.4.3 条规定，配合停电的交叉跨越或邻近线路，在线路的交叉跨越或邻近处附近应装设一组接地线。

其他相关条款

Q/GDW 1799.2—2013《国家电网公司电力安全工作规程　线路部分》第 6.2.2 条规定，停电设备的各端，应有明显的断开点，若无法观察到停电设备的断开点，应有能够反映设备运行状态的电气和机械等指示。第 6.4.1 条规定，线路经验明确无电压后，应立即装设接地线并三相短路。各工作班工作地段各端工作地段内和有可能反送电的各分支线（包括用户）都应接地。直流接地极线路，作业点两端应装设接地线。配合停电的线路可以只在工作地点附近装设一组工作接地线。装、拆接地线应在监护下进行。工作接地线应全部列入工作票，工作负责人应确认所有工作接地线均已挂设完成方可宣布开工。

[32] 装设接地线未戴绝缘手套。

违规照片

装设接地线未戴绝缘手套

违反条款

《国家电网公司电力安全工作规程（配电部分）（试行）》第 4.4.8 条规定，装设、拆除接地线均应使用绝缘棒并戴绝缘手套，人体不得碰触接地线或未接地的导线。第 14.5.4 条（2）款规定，绝缘操作杆、验电器和测量杆使用时，作业人员手不得越过护环或手持部分的界限。人体应与带电设备保持安全距离，并注意防止绝缘杆被人体或设备短接，以保持有效的绝缘长度。

《国家电网公司电力安全工器具管理规定》中附录 J 安全工器具检查与使用要求规定，操作时，人体应与带电设备保持足够的安全距离，操作者的手握部位不得越过护环，以保持有效的绝缘长度，并注意防止绝缘操作杆被人体或设备短接。

其他相关条款

Q/GDW 1799.2—2013《国家电网公司电力安全工作规程　线路部分》第 6.4.5 条规定，装设接地线时，应先接接地端，后接导线端，接地线应接触良好、连接应可靠。拆接地线的顺序与此相反。装、拆接地线导体端均应使用绝缘棒或专用的绝缘绳。人体不准碰触接地线和未接地的导线。第 14.4.2.2 条规定，绝缘操作杆、验电器和测量杆：允许使用电压应与设备电压等级相符。使用时，作业人员手不准越过护环或手持部分的界限。

Q/GDW 1799.1—2013《国家电网公司电力安全工作规程　变电部分》第 7.4.9 条规定，装设接地线应先接接地端，后接导体端，接地线应接触良好，连接应可靠。拆接地线的顺序与此相反。装、拆接地线导体端均应使用绝缘棒和戴绝缘手套。人体不得碰触接地线或未接地的导线，以防止触电。带接地线拆设备接头时，应采取防止接地线脱落的措施。

[33] 装设和拆除接地线时未握绝缘杆手持部分。

违规照片

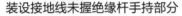
装设接地线未握绝缘杆手持部分　　　　拆除接地线未握绝缘杆手持部分

违反条款

《国家电网公司电力安全工作规程（配电部分）（试行）》第 4.4.8 条规定，装设、拆除接地线均应使用绝缘棒并戴绝缘手套，人体不得碰触接地线或未接地的导线。第 14.5.4 条（2）款规定，绝缘操作杆、验电器和测量杆使用时，作业人员手不得越过护环或手持部分的界限。人体应与带电设备保持安全距离，并注意防止绝缘杆被人体或设备短接，以保持有效的绝缘长度。

《国家电网公司电力安全工器具管理规定》中附录 J 安全工器具检查与使用要求规定，操作时，人体应与带电设备保持足够的安全距离，操作者的手握部位不得越过护环，以保持有效的绝缘长度，并注意防止绝缘操作杆被人体或设备短接。

其他相关条款

Q/GDW 1799.2—2013《国家电网公司电力安全工作规程　线路部分》第 6.4.5 条规定，装设接地线时，应先接接地端，后接导线端，接地线应接触良好、连接应可靠。拆接地线的顺序与此相反。装、拆接地线导体端均应使用绝缘棒或专用的绝缘绳。人体不准碰触接地线和未接地的导线。第 14.4.2.2 条规定，绝缘操作杆、验电器和测量杆：允许使用电压应与设备电压等级相符。使用时，作业人员手不准越过护环或手持部分的界限。

Q/GDW 1799.1—2013《国家电网公司电力安全工作规程　变电部分》第 7.4.9 条规定，装设接地线应先接接地端，后接导体端，接地线应接触良好，连接应可靠。拆接地线的顺序与此相反。装、拆接地线导体端均应使用绝缘棒和戴绝缘手套。人体不得碰触接地线或未接地的导线，以防止触电。带接地线拆设备接头时，应采取防止接地线脱落的措施。

[34] 接地线装设在导线绝缘层上。

违规照片

接地线装设在导线绝缘层上

违反条款

《国家电网公司电力安全工作规程（配电部分）（试行）》第 4.4.5 条规定，在配电线路和设备上，接地线的装设部位应是与检修线路和设备电气直接相连去除油漆或绝缘层的导电部分。绝缘导线的接地线应装设在验电接地环上。第 4.4.9 条规定，装设的接地线应接触良好、连接可靠。第 4.4.13 条规定，接地线应使用专用的线夹固定在导体上，禁止用缠绕的方法接地或短路。第 14.5.5 条规定，成套接地线：接地线的两端夹具应保证接地线与导体和接地装置都能接触良好、拆装方便，有足够的机械强度，并在大短路电流通过时不致松脱。

《国家电网公司电力安全工器具管理规定》中附录 J 安全工器具检查与使用要求规定，装设接地线时，应先接接地端，后接导线端，接地线应接触良好、连接应可靠，拆接地线的顺序与此相反，人体不准碰触未接地的导线。禁止使用其他导线作接地线或短路线，禁止用缠绕的方法进行接地或短路。

其他相关条款

Q/GDW 1799.2—2013《国家电网公司电力安全工作规程　线路部分》第 6.4.4 条规定，接地线应使用专用的线夹固定在导体上，禁止用缠绕的方法接地或短路。第 6.4.5 条规定，装设接地线时，应先接接地端，后接导线端，接地线应接触良好、连接应可靠。拆接地线的顺序与此相反。

Q/GDW 1799.1—2013《国家电网公司电力安全工作规程　变电部分》第 7.4.8 条规定，在配电装置上，接地线应装在该装置导电部分的规定地点，应去除这些地点的油漆或绝缘层，并划有黑色标记。第 7.4.10 条规定，接地线应使用专用的线夹固定在导体上，禁止用缠绕的方法进行接地或短路。

[35] 接地线未卡入地线线夹内。

违规照片

接地线未卡入地线线夹内

违反条款

《国家电网公司电力安全工作规程（配电部分）（试行）》第 4.4.5 条规定，在配电线路和设备上，接地线的装设部位应是与检修线路和设备电气直接相连去除油漆或绝缘层的导电部分。绝缘导线的接地线应装设在验电接地环上。第 4.4.9 条规定，装设的接地线应接触良好、连接可靠。第 4.4.13 条规定，接地线应使用专用的线夹固定在导体上，禁止用缠绕的方法接地或短路。第 14.5.5 条规定，成套接地线：接地线的两端夹具应保证接地线与导体和接地装置都能接触良好、拆装方便，有足够的机械强度，并在大短路电流通过时不致松脱。

《国家电网公司电力安全工器具管理规定》中附录 J 安全工器具检查与使用要求规定，装设接地线时，应先接接地端，后接导线端，接地线应接触良好、连接应可靠，拆接地线的顺序与此相反，人体不准碰触未接地的导线。禁止使用其他导线作接地线或短路线，禁止用缠绕的方法进行接地或短路。

其他相关条款

Q/GDW 1799.2—2013《国家电网公司电力安全工作规程　线路部分》第 6.4.4 条规定，接地线应使用专用的线夹固定在导体上，禁止用缠绕的方法接地或短路。第 6.4.5 条规定，装设接地线时，应先接接地端，后接导线端，接地线应接触良好、连接应可靠。拆接地线的顺序与此相反。

Q/GDW 1799.1—2013《国家电网公司电力安全工作规程　变电部分》第 7.4.8 条规定，在配电装置上，接地线应装在该装置导电部分的规定地点，应去除这些地点的油漆或绝缘层，并划有黑色标记。第 7.4.10 条规定，接地线应使用专用的线夹固定在导体上，禁止用缠绕的方法进行接地或短路。

[36] 绑扎接地线。

违规照片

绑扎接地线

违反条款

《国家电网公司电力安全工作规程（配电部分）（试行）》第4.4.5条规定，在配电线路和设备上，接地线的装设部位应是与检修线路和设备电气直接相连去除油漆或绝缘层的导电部分。绝缘导线的接地线应装设在验电接地环上。第4.4.9条规定，装设的接地线应接触良好、连接可靠。第4.4.13条规定，接地线应使用专用的线夹固定在导体上，禁止用缠绕的方法接地或短路。第14.5.5条规定，成套接地线：接地线的两端夹具应保证接地线与导体和接地装置都能接触良好、拆装方便，有足够的机械强度，并在大短路电流通过时不致松脱。

《国家电网公司电力安全工器具管理规定》中附录J安全工器具检查与使用要求规定，装设接地线时，应先接接地端，后接导线端，接地线应接触良好、连接应可靠，拆接地线的顺序与此相反，人体不准碰触未接地的导线。禁止使用其他导线作接地线或短路线，禁止用缠绕的方法进行接地或短路。

其他相关条款

Q/GDW 1799.2—2013《国家电网公司电力安全工作规程 线路部分》第 6.4.4 条规定，接地线应使用专用的线夹固定在导体上，禁止用缠绕的方法接地或短路。第 6.4.5 条规定，装设接地线时，应先接接地端，后接导线端，接地线应接触良好、连接应可靠。拆接地线的顺序与此相反。

Q/GDW 1799.1—2013《国家电网公司电力安全工作规程 变电部分》第 7.4.8 条规定，在配电装置上，接地线应装在该装置导电部分的规定地点，应去除这些地点的油漆或绝缘层，并划有黑色标记。第 7.4.10 条规定，接地线应使用专用的线夹固定在导体上，禁止用缠绕的方法进行接地或短路。

[37] 施工中，装设的接地线脱落。

违规照片

装设的接地线脱落

违反条款

《国家电网公司电力安全工作规程（配电部分）（试行）》第 4.4.5 条规定，在配电线路和设备上，接地线的装设部位应是与检修线路和设备电气直接相连去除油漆或绝缘层的导电部分。绝缘导线的接地线应装设在验电接地环上。第 4.4.9 条规定，装设的接地线应接触良好、连接可靠。第 4.4.13 条规定，接地线应使用专用的线夹固定在导体上，禁止用缠绕的方法接地或短路。第 14.5.5 条规定，成套接地线：接地线的两端夹具应保证接地线与导体和接地装置都能接触良好、拆装方便，有足够的机械强度，并在大短路电流通过时不致松脱。

《国家电网公司电力安全工器具管理规定》中附录 J 安全工器具检查与使用要求规定，装设接地线时，应先接接地端，后接导线端，接地线应接触良好、连接应可靠，拆接地线的顺序与此相反，人体不准碰触未接地的导线。禁止使用其他导线作接地线或短路线，禁止用缠绕的方法进行接地或短路。

其他相关条款

Q/GDW 1799.2—2013《国家电网公司电力安全工作规程　线路部分》第 6.4.4 条规定，接地线应使用专用的线夹固定在导体上，禁止用缠绕的方法接地或短路。第 6.4.5 条规定，装设接地线时，应先接接地端，后接导线端，接地线应接触良好、连接应可靠。拆接地线的顺序与此相反。

Q/GDW 1799.1—2013《国家电网公司电力安全工作规程　变电部分》第 7.4.8 条规定，在配电装置上，接地线应装在该装置导电部分的规定地点，应去除这些地点的油漆或绝缘层，并划有黑色标记。第 7.4.10 条规定，接地线应使用专用的线夹固定在导体上，禁止用缠绕的方法进行接地或短路。

4.4 未按规定悬挂标示牌

[38] 拉开二次空气开关后未挂"禁止合闸，有人工作！"标示牌。

违规照片

拉开二次空气开关后未挂"禁止合闸，有人工作！"标示牌

违反条款

《国家电网公司电力安全工作规程（配电部分）（试行）》第4.5.3条规定，在一经合闸即可送电到工作地点的断路器（开关）和隔离开关（刀闸）的操作处或机构箱门锁把手上及熔断器操作处，应悬挂"禁止合闸，有人工作！"标示牌；若线路上有人工作，应悬挂"禁止合闸，线路有人工作！"标示牌。第4.5.10条规定，低压开关（熔丝）拉开（取下）后，应在适当位置悬挂"禁止合闸，有人工作！"或"禁止合闸，线路有人工作！"标示牌。

其他相关条款

Q/GDW 1799.2—2013《国家电网公司电力安全工作规程 线路部分》第6.6.1条规定，在一经合闸即可送电到工作地点的断路器（开关）、隔离开关（刀闸）及跌落式熔断器的操作处，均应悬挂"禁止合闸，线路有人工作！"或"禁止合闸，有人工作！"的标示牌。

Q/GDW 1799.1—2013《国家电网公司电力安全工作规程 变电部分》第7.5.1条规定，在一经合闸即可送电到工作地点的断路器（开关）和隔离开关（刀闸）的操作把手上，均应悬挂"禁止合闸，有人工作！"的标示牌。如果线路上有人工作，应在线路断路器（开关）和隔离开关（刀闸）操作把手上悬挂"禁止合闸，线路有人工作！"的标示牌。在显示屏上进行操作的断路器（开关）和隔离开关（刀闸）的操作处应设置"禁止合闸，有人工作！"或"禁止合闸，线路有人工作！"的标记。

[39] 变压器台区拉开高压熔断器和低压空气开关后未挂 "禁止合闸，有人工作！"标示牌。

违规照片

拉开高压熔断器和低压空气开关后未挂"禁止合闸，有人工作"标示牌

违反条款

《国家电网公司电力安全工作规程（配电部分）（试行）》第 4.5.3 条规定，在一经合闸即可送电到工作地点的断路器（开关）和隔离开关（刀闸）的操作处或机构箱门锁把手上及熔断器操作处，应悬挂"禁止合闸，有人工作！"标示牌；若线路上有人工作，应悬挂"禁止合闸，线路有人工作！"标示牌。第 4.5.10 条规定，低压开关（熔丝）拉开（取下）后，应在适当位置悬挂"禁止合闸，有人工作！"或"禁止合闸，线路有人工作！"标示牌。

其他相关条款

Q/GDW 1799.2—2013《国家电网公司电力安全工作规程　线路部分》第 6.6.1 条规定，在一经合闸即可送电到工作地点的断路器（开关）、隔离开关（刀闸）及跌落式熔断器的操作处，均应悬挂"禁止合闸，线路有人工作!"或"禁止合闸，有人工作!"的标示牌。

Q/GDW 1799.1—2013《国家电网公司电力安全工作规程　变电部分》第 7.5.1 条规定，在一经合闸即可送电到工作地点的断路器（开关）和隔离开关（刀闸）的操作把手上，均应悬挂"禁止合闸，有人工作!"的标示牌。如果线路上有人工作，应在线路断路器（开关）和隔离开关（刀闸）操作把手上悬挂"禁止合闸，线路有人工作!"的标示牌。在显示屏上进行操作的断路器（开关）和隔离开关（刀闸）的操作处应设置"禁止合闸，有人工作!"或"禁止合闸，线路有人工作!"的标记。

[40] 断路器拉开后未挂"禁止合闸，线路有人工作"标示牌。

违规照片

断路器拉开后未挂"禁止合闸，线路有人工作"标示牌

违反条款

《国家电网公司电力安全工作规程（配电部分）（试行）》第 4.5.3 条规定，在一

经合闸即可送电到工作地点的断路器（开关）和隔离开关（刀闸）的操作处或机构箱门锁把手上及熔断器操作处，应悬挂"禁止合闸，有人工作！"标示牌；若线路上有人工作，应悬挂"禁止合闸，线路有人工作！"标示牌。第 4.5.10 条规定，低压开关（熔丝）拉开（取下）后，应在适当位置悬挂"禁止合闸，有人工作！"或"禁止合闸，线路有人工作！"标示牌。

其他相关条款

Q/GDW 1799.2—2013《国家电网公司电力安全工作规程　线路部分》第 6.6.1 条规定，在一经合闸即可送电到工作地点的断路器（开关）、隔离开关（刀闸）及跌落式熔断器的操作处，均应悬挂"禁止合闸，线路有人工作！"或"禁止合闸，有人工作！"的标示牌。

Q/GDW 1799.1—2013《国家电网公司电力安全工作规程　变电部分》第 7.5.1 条规定，在一经合闸即可送电到工作地点的断路器（开关）和隔离开关（刀闸）的操作把手上，均应悬挂"禁止合闸，有人工作！"的标示牌。如果线路上有人工作，应在线路断路器（开关）和隔离开关（刀闸）操作把手上悬挂"禁止合闸，线路有人工作！"的标示牌。在显示屏上进行操作的断路器（开关）和隔离开关（刀闸）的操作处应设置"禁止合闸，有人工作！"或"禁止合闸，线路有人工作！"的标记。

[41] 拉开柱上断路器后未挂"禁止合闸，线路有人工作！"标示牌。

违规照片

拉开柱上断路器后未挂"禁止合闸，线路有人工作！"标示牌

违反条款

《国家电网公司电力安全工作规程（配电部分）（试行）》第 4.5.3 条规定，在一经合闸即可送电到工作地点的断路器（开关）和隔离开关（刀闸）的操作处或机构箱门锁把手上及熔断器操作处，应悬挂"禁止合闸，有人工作！"标示牌；若线路上有人工作，应悬挂"禁止合闸，线路有人工作！"标示牌。第 4.5.10 条规定，低压开关（熔丝）拉开（取下）后，应在适当位置悬挂"禁止合闸，有人工作！"或"禁止合闸，线路有人工作！"标示牌。

其他相关条款

Q/GDW 1799.2—2013《国家电网公司电力安全工作规程　线路部分》第 6.6.1 条规定，在一经合闸即可送电到工作地点的断路器（开关）、隔离开关（刀闸）及跌落式熔断器的操作处，均应悬挂"禁止合闸，线路有人工作！"或"禁止合闸，有人工作！"的标示牌。

Q/GDW 1799.1—2013《国家电网公司电力安全工作规程　变电部分》第 7.5.1 条规定，在一经合闸即可送电到工作地点的断路器（开关）和隔离开关（刀闸）的操作把手上，均应悬挂"禁止合闸，有人工作！"的标示牌。如果线路上有人工作，应在线路断路器（开关）和隔离开关（刀闸）操作把手上悬挂"禁止合闸，线路有人工作！"的标示牌。在显示屏上进行操作的断路器（开关）和隔离开关（刀闸）的操作处应设置"禁止合闸，有人工作！"或"禁止合闸，线路有人工作！"的标记。

4.5 未按规定设置现场围栏

[42] 城区或人口密集区工作时未设置围栏且未装设警告标示牌。

违规照片

城区工作时未设置围栏且未装设警告标示牌

违反条款

《国家电网公司电力安全工作规程（配电部分）（试行）》第 4.5.12 条规定，城区、人口密集区或交通道口和通行道路上施工时，工作场所周围应装设遮栏（围栏），并在相应部位装设警告标示牌。必要时，派人看管。

其他相关条款

Q/GDW 1799.2—2013《国家电网公司电力安全工作规程　线路部分》第 6.6.3 条规定，在城区、人口密集区地段或交通道口和通行道路上施工时，工作场所周围应装设遮栏（围栏），并在相应部位装设标示牌。必要时，派专人看管。

Q/GDW 1799.1—2013《国家电网公司电力安全工作规程　变电部分》第 7.5.5 条规定，在室外高压设备上工作，应在工作地点四周装设围栏，其出入口要围至临近道路旁边，并设有"从此进出！"的标示牌。工作地点四周围栏上悬挂适当数量的"止步，高压危险！"标示牌，标示牌应朝向围栏里面。

[43] 交通道口施工现场未设置围栏且未装设警告标示牌。

违规照片

交通道口施工现场未设置围栏且未装设警告标示牌

违反条款

《国家电网公司电力安全工作规程（配电部分）（试行）》第 4.5.12 条规定，城区、人口密集区或交通道口和通行道路上施工时，工作场所周围应装设遮栏（围栏），并在相应部位装设警告标示牌。必要时，派人看管。

其他相关条款

Q/GDW 1799.2—2013《国家电网公司电力安全工作规程　线路部分》第 6.6.3 条规定，在城区、人口密集区地段或交通道口和通行道路上施工时，工作场所周围应装设遮栏（围栏），并在相应部位装设标示牌。必要时，派专人看管。

Q/GDW 1799.1—2013《国家电网公司电力安全工作规程　变电部分》第 7.5.5 条规定，在室外高压设备上工作，应在工作地点四周装设围栏，其出入口要围至临近道路旁边，并设有"从此进出！"的标示牌。工作地点四周围栏上悬挂适当数量的"止步，高压危险！"标示牌，标示牌应朝向围栏里面。

5

特种设备
使用不规范

5.1 吊车使用不规范

[44] 汽车起重机支撑不牢固，汽车起重机支腿倾斜（未在撑脚板下垫方木）。

违规照片

汽车起重机支腿倾斜（未在撑脚板下垫方木）

违反条款

《国家电网公司电力安全工作规程（配电部分）（试行）》第 16.2.6 条规定，作业时，起重机应置于平坦、坚实的地面上。Q/GDW 1799.3 — 2015《国家电网公司电力安全工作规程　第 3 部分：水电厂动力部分》第 14.2.5 条规定，汽车起重机及轮胎式起重机作业前应先支好全部支腿后方可进行其他操作。

JGJ 33—2012《建筑机械使用安全技术规程》第 4.3.4 条规定，作业前，应全部伸出支腿，调整机体使回转支撑面的倾斜度在无载荷时不大于 1/1000（水准居中）。支腿的定位销必须插上。底盘为弹性悬挂的起重机，插支腿前应先收紧稳定器。

其他相关条款

Q/GDW 1799.2—2013《国家电网公司电力安全工作规程　线路部分》第 11.1.2 条规定，起重设备作业人员在作业中应严格执行起重设备的操作规程和有关的安全规章制度。

Q/GDW 1799.1—2013《国家电网公司电力安全工作规程　变电部分》第 17.2.3.3 条规定，作业时，起重机应置于平坦、坚实的地面上，机身倾斜度不准超过制造厂的规定。第 17.2.3.7 条规定，汽车起重机及轮胎式起重机作业前应先支好全部支腿后方可进行其他操作；作业完毕后，应先将臂杆放在支架上，然后方可起腿。汽车式起重机除具有吊物行走性能者外，均不得吊物行走。

[45] 汽车起重机支腿未放置稳固。

违规照片

支腿未放置稳固

汽车起重机支腿未放置稳固

违反条款

《国家电网公司电力安全工作规程（配电部分）（试行）》第 16.2.6 条规定，作业时，起重机应置于平坦、坚实的地面上。Q/GDW 1799.3 — 2015《国家电网公司电力安全工作规程　第 3 部分：水电厂动力部分》第 14.2.5 条规定，汽车起重机及轮胎式起重机作业前应先支好全部支腿后方可进行其他操作。

JGJ 33—2012《建筑机械使用安全技术规程》第 4.3.4 条规定，作业前，应全部伸出支腿，调整机体使回转支撑面的倾斜度在无载荷时不大于 1/1000（水准居中）。支腿的定位销必须插上。底盘为弹性悬挂的起重机，插支腿前应先收紧稳定器。

其他相关条款

Q/GDW 1799.2—2013《国家电网公司电力安全工作规程　线路部分》第 11.1.2 条规定，起重设备作业人员在作业中应严格执行起重设备的操作规程和有关的安全规章制度。

Q/GDW 1799.1—2013《国家电网公司电力安全工作规程 变电部分》第 17.2.3.3 条规定，作业时，起重机应置于平坦、坚实的地面上，机身倾斜度不准超过制造厂的规定。第 17.2.3.7 条规定，汽车起重机及轮胎式起重机作业前应先支好全部支腿后方可进行其他操作；作业完毕后，应先将臂杆放在支架上，然后方可起腿。汽车式起重机除具有吊物行走性能者外，均不得吊物行走。

[46] 汽车起重机组塔施工现场吊车未装限位器。

违规照片

汽车起重机未装限位器

违反条款

Q/GDW 1799.2—2013《国家电网公司电力安全工作规程 线路部分》第 11.2.6 条规定，各式起重机应该根据需要安设过卷扬限制器、过负荷限制器、起重臂俯仰限制器、行程限制器、联锁开关等安全装置；其起升、变幅、运行、旋转机构都应装设制动器，其中起升和变幅机构的制动器应是常闭式的。臂架式起重机应设有力矩限制器和幅度指示器。铁路起重机应安有夹轨钳。

其他相关条款

Q/GDW 1799.3—2015《国家电网公司电力安全工作规程 第 3 部分：水电厂动力部分》第 14.2.1 条 c）款规定，各式起重机应根据需要安装限制运动行程和工作位置的装置、防起重机超载的装置、防风防滑以及防止起重机倾翻的装置、联锁保护装置等。

Q/GDW 1799.1—2013《国家电网公司电力安全工作规程 变电部分》第 17.2.1.9 条规定，各式起重机应该根据需要安设过卷扬限制器、过负荷限制器、起重臂俯仰限制器、行程限制器、联锁开关等安全装置；其起升、变幅、运行、旋转机构都应装设制动器，其中起升和变幅机构的制动器应是常闭式的。臂架式起重机应设有力矩限制器和幅度指示器。铁路起重机应安有夹轨钳。

[47] 汽车起重机吊钩的防脱装置失灵。

违规照片

吊钩的防脱装置失灵

违反条款

Q/GDW 1799.3—2015《国家电网公司电力安全工作规程 第 3 部分：水电厂动力部分》第 14.3.3 条 c）款规定，吊钩上应设置防止脱钩的封口保险装置。

其他相关条款

Q/GDW 1799.2—2013《国家电网公司电力安全工作规程 线路部分》第 9.3.7 条规定，使用吊车立、撤杆时，钢丝绳套应挂在电杆的适当位置以防止电杆突然倾倒。吊重和吊车位置应选择适当，吊钩口应封好，并应有防止吊车下沉、倾斜的措施。起、落时应注意周围环境。

[48] 汽车起重机吊钩的保险装置未可靠封闭。

违规照片

吊钩的保险装置未可靠封闭

违反条款

Q/GDW 1799.3—2015《国家电网公司电力安全工作规程 第 3 部分：水电厂动力部分》第 14.3.3 条 c）款规定，吊钩上应设置防止脱钩的封口保险装置。

其他相关条款

Q/GDW 1799.2—2013《国家电网公司电力安全工作规程 线路部分》第 9.3.7 条规定，使用吊车立、撤杆时，钢丝绳套应挂在电杆的适当位置以防止电杆突然倾倒。吊重和吊车位置应选择适当，吊钩口应封好，并应有防止吊车下沉、倾斜的措施。起、落时应注意周围环境。

[49] 汽车起重机吊钩未装设防脱钩保险装置。

违规照片

吊钩未装设防脱钩保险装置

违反条款

Q/GDW 1799.3—2015《国家电网公司电力安全工作规程 第 3 部分：水电厂动力部分》第 14.3.3 条 c）款规定，吊钩上应设置防止脱钩的封口保险装置。

其他相关条款

Q/GDW 1799.2—2013《国家电网公司电力安全工作规程 线路部分》第 9.3.7 条规定，使用吊车立、撤杆时，钢丝绳套应挂在电杆的适当位置以防止电杆突然倾倒。吊重和吊车位置应选择适当，吊钩口应封好，并应有防止吊车下沉、倾斜的措施。起、落时应注意周围环境。

[50] 汽车起重机近电作业（110kV 线路）未装设接地线。

违规照片

汽车起重机近电作业（110kV 线路）未装设接地线

违反条款

《国家电网公司电力安全工作规程（配电部分）（试行）》第 16.2.9 条规定，在带电设备区域内使用起重机等起重设备时，应安装接地线并可靠接地，接地线应用多股软铜线，其截面积不得小于 16mm²。

其他相关条款

Q/GDW 1799.1—2013《国家电网公司电力安全工作规程　变电部分》第 17.2.1.8 条规定，在变电站内使用起重机械时，应安装接地装置，接地线应用多股软铜线，其截面应满足接地短路容量的要求，但不得小于 16mm²。

《国家电网公司电力安全工作规程（电网建设部分）（试行）》第 9.9.8 条规定，在电力线附近组塔时，起重机应接地良好。起重机及吊件、牵引绳索和拉绳与带电体的最小安全距离应符合规程中表 19 的规定。

[51] 现场汽车起重机司机无特种作业操作证。

正确示例

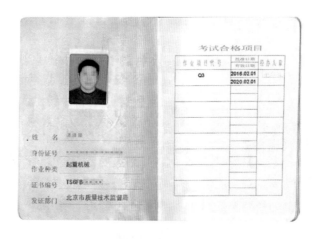

起重机械操作证样式

违反条款

《国家电网公司电力安全工作规程（配电部分）（试行）》第 16.1.1 条规定，起重设备的操作人员和指挥人员应经专业技术培训，并经实际操作及有关安全规程考试合格、取得合格证后方可独立上岗作业，其合格证种类应与所操作（指挥）的起重设备类型相符。

其他相关条款

Q/GDW 1799.1—2013《国家电网公司电力安全工作规程 变电部分》第 17.1.2 条、Q/GDW 1799.2—2013《国家电网公司电力安全工作规程 线路部分》第 11.1.2 条规定，起重设备的操作人员和指挥人员应经专业技术培训，并经实际操作及有关安全规程考试合格、取得合格证后方可独立上岗作业，其合格证种类应与所操作（指挥）的起重设备类型相符。

[52] 汽车起重机作业未设置指挥人。

违规照片

汽车起重机作业未设置指挥人

违反条款

《国家电网公司电力安全工作规程（配电部分）（试行）》第 16.1.2 条规定，起重搬运时只能由一人统一指挥，必要时可设置中间指挥人员传递信号。起重指挥信号应简明、统一、畅通，分工明确。

其他相关条款

Q/GDW 1799.1—2013《国家电网公司电力安全工作规程 变电部分》第 17.1.4条、Q/GDW 1799.2—2013《国家电网公司电力安全工作规程 线路部分》11.1.4 条规定，起重搬运时只能由一人统一指挥，必要时可设置中间指挥人员传递信号。起重指挥信号应简明、统一、畅通，分工明确。

[53] 汽车起重机检验报告过期。

违规照片

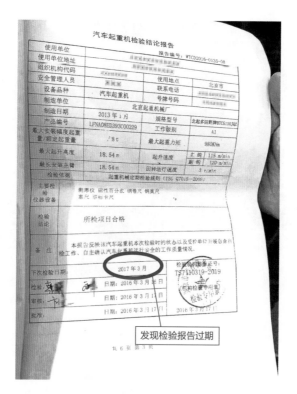

汽车起重机检验报告过期

违反条款

《国家电网公司电力安全工作规程（配电部分）（试行）》第 16.1.3 条规定，起重设备应经检验检测机构检验合格，并在特种设备安全监督管理部门登记。

其他相关条款

Q/GDW 1799.1—2013《国家电网公司电力安全工作规程　变电部分》第 17.1.1 条和 Q/GDW 1799.2—2013《国家电网公司电力安全工作规程　线路部分》第 11.1.1 条规定，起重设备应经检验检测机构检验合格，并在特种设备安全监督管理部门登记。

[54] 吊件悬空停留而操作人员离开操纵室。

违规照片

吊件悬空停留而起重机操作人员离开操纵室

违反条款

DL 5009.2—2013《电力建设安全工作规程 第2部分：电力线路》第4.6.2条规定，起重机作业时遵守下列规定：吊件不得长时间悬空停留。短时间停留时，司机、指挥人员不得离开现场。

Q/GDW 1799.1—2013《国家电网公司电力安全工作规程 变电部分》第17.2.1.6条规定，起吊重物不准让其长期悬在空中。有重物悬在空中时，禁止驾驶人员离开驾驶室或做其他工作。

JGJ 33—2012《建筑机械使用安全技术规程》第4.3.12条规定，当重物在空中需停留较长时间时，应将起升卷筒制动锁住，操作人员不得离开操作室。

其他相关条款

《国家电网公司电力安全工作规程（电网建设部分）（试行）》第5.1.1.5条规定，禁止起吊物件长时间悬挂在空中，作业中遇突发故障，应采取措施将物件降落到安全地方，并关闭发动机或切断电源后进行检修。无法放下吊物时，应采取适当的保险措施，除排险人员外，任何人员不得进入危险区域。

[55] 使用吊钩上升作业人员进行高处作业。

违规照片

使用吊钩上升作业人员进行高处作业

违反条款

Q/GDW 1799.2—2013《国家电网公司电力安全工作规程 线路部分》第11.1.10条规定，吊物上不许站人，禁止作业人员利用吊钩来上升或下降。《国家电网公司电力安全工作规程（配电部分）（试行）》第16.2.12条规定，作业时，禁止吊物上站人，禁止作业人员利用吊钩来上升或下降。

《国家电网公司电力安全工作规程（电网建设部分）（试行）》第5.1.1.7条规定，吊物上不可站人，禁止作业人员利用吊钩上升或下降。禁止用起重机械载运人员。

其他相关条款

Q/GDW 1799.1—2013《国家电网公司电力安全工作规程 变电部分》第17.1.9条规定，吊物上不许站人，禁止作业人员利用吊钩来上升或下降。

5.2 电焊机使用不规范

[56] 工作现场使用的电焊机外壳未可靠接地。

电焊机外壳未可靠接地

违反条款

Q/GDW 1799.1—2013《国家电网公司电力安全工作规程　变电部分》第 16.5.5 条规定，电焊机的外壳应可靠接地，接地电阻不得大于 4Ω。

其他相关条款

Q/GDW 1799.2—2013《国家电网公司电力安全工作规程　线路部分》第 16.5.5 条和《国家电网公司电力安全工作规程（配电部分）（试行）》第 15.3.4 条规定，电焊机的外壳应可靠接地，接地电阻不得大于 4Ω。

5.3 链条式手扳葫芦使用不规范

[57] 链条式手扳葫芦吊钩无保险装置。

违规照片

链条式手扳葫芦吊钩无保险装置

违反条款

《国家电网公司电力安全工作规程（配电部分）（试行）》第 14.2.6.1 条规定，使用前应检查吊钩、链条、转动装置及制动装置，吊钩、链轮或倒卡变形以及链条磨损达直径的 10% 时，禁止使用。

其他相关条款

Q/GDW 1799.3—2015《国家电网公司电力安全工作规程　第 3 部分：水电厂动力部分》第 14.3.3 条 c）款规定，吊钩上应设置防止脱钩的封口保险装置。

[58] 链条式手扳葫芦吊钩防脱装置失灵。

违规照片

链条式手扳葫芦吊钩防脱装置失灵

违反条款

《国家电网公司电力安全工作规程（配电部分）（试行）》第 14.2.6.1 条规定，使用前应检查吊钩、链条、转动装置及制动装置，吊钩、链轮或倒卡变形以及链条磨损达直径的 10% 时，禁止使用。

其他相关条款

Q/GDW 1799.3—2015《国家电网公司电力安全工作规程　第 3 部分：水电厂动力部分》第 14.3.3 条 c）款规定，吊钩上应设置防止脱钩的封口保险装置。

5.4 放线滑轮使用不规范

[59] 放线使用的滑轮开口未封闭。

违规照片

放线滑轮开口未封闭

违反条款

《国家电网公司电力安全工作规程（配电部分）（试行）》第14.2.10.2条规定，使用的滑车应有防止脱钩的保险装置或封口措施。使用开门滑车时，应将开门勾环扣紧，防止绳索自动跑出。第6.4.6条规定，放线、紧线时，遇接线管或接线头过滑轮、横担、树枝、房屋等处有卡、挂现象，应松线后处理。处理时操作人员应站在卡线处外侧，采用工具、大绳等撬、拉导线。禁止用手直接拉、推导线。

其他相关条款

Q/GDW 1799.2—2013《国家电网公司电力安全工作规程 线路部分》第14.2.14.2条规定，滑车不准拴挂在不牢固的结构物上。线路作业中使用的滑车应有防止脱钩的保险装置，否则应采取封口措施。使用开门滑车时，应将开门勾环扣紧，防止绳索自动跑出。

[60] 导线放线未使用放线滑轮。

违规照片

导线放线未使用放线滑轮

违反条款

《国家电网公司电力安全工作规程（配电部分）（试行）》第 14.2.10.2 条规定，使用的滑车应有防止脱钩的保险装置或封口措施。使用开门滑车时，应将开门勾环扣紧，防止绳索自动跑出。第 6.4.6 条规定，放线、紧线时，遇接线管或接线头过滑轮、横担、树枝、房屋等处有卡、挂现象，应松线后处理。处理时操作人员应站在卡线处外侧，采用工具、大绳等撬、拉导线。禁止用手直接拉、推导线。

其他相关条款

Q/GDW 1799.2—2013《国家电网公司电力安全工作规程　线路部分》第 14.2.14.2 条规定，滑车不准拴挂在不牢固的结构物上。线路作业中使用的滑车应有防止脱钩的保险装置，否则应采取封口措施。使用开门滑车时，应将开门勾环扣紧，防止绳索自动跑出。

5.5 起重作业不规范

[61] 起重作业人员无特种作业证。

正确示例

桥门式起重机司机操作证样式

违反条款

《国家电网公司电力安全工作规程（配电部分）（试行）》第16.1.1条规定，起重设备的操作人员和指挥人员应经专业技术培训，并经实际操作及有关安全规程考试合格、取得合格证后方可独立上岗作业，其合格证种类应与所操作（指挥）的起重设备类型相符。

其他相关条款

Q/GDW 1799.1—2013《国家电网公司电力安全工作规程　变电部分》第17.1.2条和Q/GDW 1799.2—2013《国家电网公司电力安全工作规程　线路部分》第11.1.2条规定，起重设备的操作人员和指挥人员应经专业技术培训，并经实际操作及有关安全规程考试合格、取得合格证后方可独立上岗作业，其合格证种类应与所操作（指挥）的起重设备类型相符。

6

安全工器具
使用不规范

6.1 安全工器具试验管理不规范

[62] 绝缘杆试验合格证标签磨损严重。

违规照片

绝缘杆试验合格证标签磨损严重

违反条款

《国家电网公司电力安全工作规程（配电部分）（试行）》第 14.1.2 条规定，现场使用的机具、安全工器具应经检验合格。第 14.6.2.3 条规定，安全工器具经试验合格后，应在不妨碍绝缘性能且醒目的部位粘贴合格证。第 14.6.2.4 条规定，安全工器具的电气试验和机械试验可由使用单位根据试验标准和周期进行，也可委托有资质的机构试验。

《国家电网公司电力安全工器具管理规定》第二十七条规定，安全工器具经预防性试验合格后，应由检验机构在合格的安全工器具上（不妨碍绝缘性能、使用性能且醒目的部位）牢固粘贴"合格证"标签或可追溯的唯一标识，并出具检测报告。

其他相关条款

Q/GDW 1799.2—2013《国家电网公司电力安全工作规程 线路部分》第 14.4.3.1 条规定，各类安全工器具应经过国家规定的型式试验、出厂试验和使用中的周期性试验，并做好记录。第 14.4.3.3 条规定，安全工器具经试验合格后，应在不妨碍绝缘性能且醒目的部位粘贴合格证。第 14.4.3.4 条规定，安全工器具的电气试验和机械试验可由各使用单位根据试验标准和周期进行，也可委托有资质的试验研究机构试验。

[63] 验电笔检验日期超期。

违规照片

2018 年 5 月 30 日检查

验电笔检验日期超期

违反条款

《国家电网公司电力安全工作规程（配电部分）（试行）》第 14.1.2 条规定，现场使用的机具、安全工器具应经检验合格。第 14.6.2.3 条规定，安全工器具经试验合格后，应在不妨碍绝缘性能且醒目的部位粘贴合格证。第 14.6.2.4 条规定，安全工器具的电气试验和机械试验可由使用单位根据试验标准和周期进行，也可委托有资质的机构试验。

《国家电网公司电力安全工器具管理规定》第二十七条规定，安全工器具经预防性试验合格后，应由检验机构在合格的安全工器具上（不妨碍绝缘性能、使用性能且醒目的部位）牢固粘贴"合格证"标签或可追溯的唯一标识，并出具检测报告。

其他相关条款

Q/GDW 1799.2—2013《国家电网公司电力安全工作规程　线路部分》第 14.4.3.1 条规定，各类安全工器具应经过国家规定的型式试验、出厂试验和使用中的周期性试验，并做好记录。第 14.4.3.3 条规定，安全工器具经试验合格后，应在不妨碍绝缘性能且醒目的部位粘贴合格证。第 14.4.3.4 条规定，安全工器具的电气试验和机械试验可由各使用单位根据试验标准和周期进行，也可委托有资质的试验研究机构试验。

[64] 脚扣试验合格证无检验日期。

违规照片

无检验日期

脚扣试验合格证无检验日期

违反条款

《国家电网公司电力安全工作规程（配电部分）（试行）》第 14.1.2 条规定，现场使用的机具、安全工器具应经检验合格。第 14.6.2.3 条规定，安全工器具经试验合格后，应在不妨碍绝缘性能且醒目的部位粘贴合格证。第 14.6.2.4 条规定，安全工器具的电气试验和机械试验可由使用单位根据试验标准和周期进行，也可委托有资质的机构试验。

《国家电网公司电力安全工器具管理规定》第二十七条规定，安全工器具经预防性试验合格后，应由检验机构在合格的安全工器具上（不妨碍绝缘性能、使用性能且醒目的部位）牢固粘贴"合格证"标签或可追溯的唯一标识，并出具检测报告。

其他相关条款

Q/GDW 1799.2—2013《国家电网公司电力安全工作规程 线路部分》第 14.4.3.1 条规定，各类安全工器具应经过国家规定的型式试验、出厂试验和使用中的周期性试验，并做好记录。第 14.4.3.3 条规定，安全工器具经试验合格后，应在不妨碍绝缘性能且醒目的部位粘贴合格证。第 14.4.3.4 条规定，安全工器具的电气试验和机械试验可由各使用单位根据试验标准和周期进行，也可委托有资质的试验研究机构试验。

[65] 安全带、接地线和绝缘手套无试验合格证标签。

违规照片

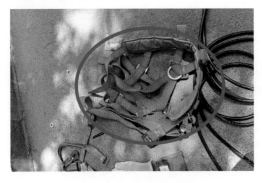 

安全带无试验合格证标签   接地线无试验合格证标签

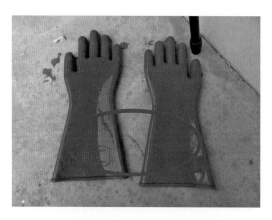

绝缘手套无试验合格证标签

违反条款

《国家电网公司电力安全工作规程（配电部分）（试行）》第 14.1.2 条规定，现场使用的机具、安全工器具应经检验合格。第 14.6.2.3 条规定，安全工器具经试验合格后，应在不妨碍绝缘性能且醒目的部位粘贴合格证。第 14.6.2.4 条规定，安全工器具的电气试验和机械试验可由使用单位根据试验标准和周期进行，也可委托有资质的机构试验。

《国家电网公司电力安全工器具管理规定》第二十七条规定，安全工器具经预防性试验合格后，应由检验机构在合格的安全工器具上（不妨碍绝缘性能、使用性能且醒目的部位）牢固粘贴"合格证"标签或可追溯的唯一标识，并出具检测报告。

其他相关条款

Q/GDW 1799.2—2013《国家电网公司电力安全工作规程 线路部分》第 14.4.3.1 条规定，各类安全工器具应经过国家规定的型式试验、出厂试验和使用中的周期性试验，并做好记录。第 14.4.3.3 条规定，安全工器具经试验合格后，应在不妨碍绝缘性能且醒目的部位粘贴合格证。第 14.4.3.4 条规定，安全工器具的电气试验和机械试验可由各使用单位根据试验标准和周期进行，也可委托有资质的试验研究机构试验。

[66] 梯子没有限高标志。

违规照片

梯子没有限高标志

违反条款

Q/GDW 1799.1—2013《国家电网公司电力安全工作规程 变电部分》第 18.2.2 条规定，硬质梯子的横档应嵌在支柱上，梯阶的距离不应大于 40cm，并在距梯顶 1m 处设限高标志。

其他相关条款

《国家电网公司电力安全工作规程（配电部分）（试行）》第 17.4.2 条规定，单梯的横档应嵌在支柱上，并在距梯顶 1m 处设限高标志。

Q/GDW 1799.2—2013《国家电网公司电力安全工作规程 线路部分》第 10.19 条规定，硬质梯子的横档应嵌在支柱上，梯阶的距离不应大于 40cm，并在距梯顶 1m 处设限高标志。

[67] 绝缘手套破损。

违规照片

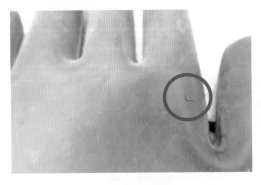

绝缘手套划破

绝缘手套有小洞

违反条款

《国家电网公司电力安全工作规程（配电部分）（试行）》第14.1.6条规定，机具和安全工器具应统一编号，专人保管。入库、出库、使用前应检查。禁止使用损坏、变形、有故障等不合格的机具和安全工器具。第14.5.1条规定，安全工器具使用前，应检查确认绝缘部分无裂纹、无老化、无绝缘层脱落、无严重伤痕等现象以及固定连接部分无松动、无锈蚀、无断裂等现象。对其绝缘部分的外观有疑问时应经绝缘试验合格后方可使用。

《国家电网公司电力安全工器具管理规定》第三十条规定，安全工器具领用、归还应严格履行交接和登记手续。领用时，保管人和领用人应共同确认安全工器具有效性，确认合格后，方可出库；归还时，保管人和使用人应共同进行清洁整理和检查确认，检查合格的返库存放，不合格或超试验周期的应另外存放，做出"禁用"标识，停止使用。

其他相关条款

Q/GDW 1799.2—2013《国家电网公司电力安全工作规程　线路部分》第14.4.2.1条规定，安全工器具使用前的外观检查应包括绝缘部分有无裂纹、老化、绝缘层脱落、严重伤痕，固定连接部分有无松动、锈蚀、断裂等现象。对其绝缘部分的外观有疑问时应进行绝缘试验合格后方可使用。

[68] 变电站接地线严重断股。

违规照片

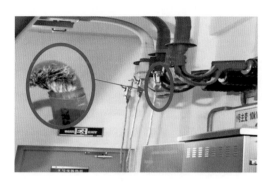

变电站接地线严重断股

违反条款

《国家电网公司电力安全工作规程（配电部分）（试行）》第 14.1.6 条规定，机具和安全工器具应统一编号，专人保管。入库、出库、使用前应检查。禁止使用损坏、变形、有故障等不合格的机具和安全工器具。第 14.5.1 条规定，安全工器具使用前，应检查确认绝缘部分无裂纹、无老化、无绝缘层脱落、无严重伤痕等现象以及固定连接部分无松动、无锈蚀、无断裂等现象。对其绝缘部分的外观有疑问时应经绝缘试验合格后方可使用。

《国家电网公司电力安全工器具管理规定》第三十条规定，安全工器具领用、归还应严格履行交接和登记手续。领用时，保管人和领用人应共同确认安全工器具有效性，确认合格后，方可出库；归还时，保管人和使用人应共同进行清洁整理和检查确认，检查合格的返库存放，不合格或超试验周期的应另外存放，做出"禁用"标识，停止使用。

其他相关条款

Q/GDW 1799.2—2013《国家电网公司电力安全工作规程　线路部分》第 14.4.2.1 条规定，安全工器具使用前的外观检查应包括绝缘部分有无裂纹、老化、绝缘层脱落、严重伤痕，固定连接部分有无松动、锈蚀、断裂等现象。对其绝缘部分的外观有疑问时应进行绝缘试验合格后方可使用。

[69] 接地线绝缘皮破损。

违规照片

接地线绝缘皮破损

违反条款

《国家电网公司电力安全工作规程（配电部分）（试行）》第 14.1.6 条规定，机具和安全工器具应统一编号，专人保管。入库、出库、使用前应检查。禁止使用损坏、变形、有故障等不合格的机具和安全工器具。第 14.5.1 条规定，安全工器具使用前，应检查确认绝缘部分无裂纹、无老化、无绝缘层脱落、无严重伤痕等现象以及固定连接部分无松动、无锈蚀、无断裂等现象。对其绝缘部分的外观有疑问时应经绝缘试验合格后方可使用。

《国家电网公司电力安全工器具管理规定》第三十条规定，安全工器具领用、归还应严格履行交接和登记手续。领用时，保管人和领用人应共同确认安全工器具有效性，确认合格后，方可出库；归还时，保管人和使用人应共同进行清洁整理和检查确认，检查合格的返库存放，不合格或超试验周期的应另外存放，做出"禁用"标识，停止使用。

其他相关条款

Q/GDW 1799.2—2013《国家电网公司电力安全工作规程 线路部分》第 14.4.2.1 条规定，安全工器具使用前的外观检查应包括绝缘部分有无裂纹、老化、绝缘层脱落、严重伤痕，固定连接部分有无松动、锈蚀、断裂等现象。对其绝缘部分的外观有疑问时应进行绝缘试验合格后方可使用。

[70] 脚扣脚带和脚扣小爪橡胶防滑块破损严重。

违规照片

脚扣脚带破损 脚扣小爪破损

违反条款

《国家电网公司电力安全工作规程（配电部分）（试行）》第 14.1.6 条规定，机具和安全工器具应统一编号，专人保管。入库、出库、使用前应检查。禁止使用损坏、变形、有故障等不合格的机具和安全工器具。第 14.5.1 条规定，安全工器具使用前，应检查确认绝缘部分无裂纹、无老化、无绝缘层脱落、无严重伤痕等现象以及固定连接部分无松动、无锈蚀、无断裂等现象。对其绝缘部分的外观有疑问时应经绝缘试验合格后方可使用。

《国家电网公司电力安全工器具管理规定》第三十条规定，安全工器具领用、归还应严格履行交接和登记手续。领用时，保管人和领用人应共同确认安全工器具有效性，确认合格后，方可出库；归还时，保管人和使用人应共同进行清洁整理和检查确认，检查合格的返库存放，不合格或超试验周期的应另外存放，做出"禁用"标识，停止使用。

其他相关条款

Q/GDW 1799.2—2013《国家电网公司电力安全工作规程　线路部分》第 14.4.2.1 条规定，安全工器具使用前的外观检查应包括绝缘部分有无裂纹、老化、绝缘层脱落、严重伤痕，固定连接部分有无松动、锈蚀、断裂等现象。对其绝缘部分的外观有疑问时应进行绝缘试验合格后方可使用。

6.3 安全工器具使用不规范

[71] 10kV 开关室带电区域内使用金属梯子。

违规照片

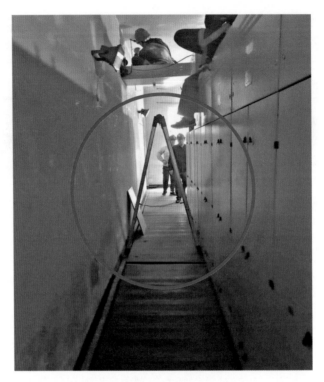

开关室带电区域内使用金属梯子

违反条款

Q/GDW 1799.1—2013《国家电网公司电力安全工作规程 变电部分》第 16.1.10 条规定，在变、配电站（开关站）的带电区域内或临近带电线路处，禁止使用金属梯子。

《国家电网公司电力安全工器具管理规定》中附录 J 安全工器具检查与使用要求规定，在变电站高压设备区或高压室内应使用绝缘材料的梯子，禁止使用金属梯子。

其他相关条款

《国家电网公司电力安全工作规程（配电部分）（试行）》第 7.3.7 条规定，在配电站或高压室内搬动梯子、管子等长物，应放倒，由两人搬运，并与带电部分保持足够的安全距离。在配电站的带电区域内或邻近带电线路处，禁止使用金属梯子。

Q/GDW 1799.2—2013《国家电网公司电力安全工作规程　线路部分》第 16.1.7 条、Q/GDW 1799.3—2015《国家电网公司电力安全工作规程　第 3 部分：水电厂动力部分》第 15.6.22 条、《国家电网公司电力安全工作规程（火电厂动力部分）》第 17.6.22 条规定，在变、配电站（开关站）的带电区域内或临近带电线路处，禁止使用金属梯子。

[72] 作业人员越过梯子限高红线。

违规照片

作业人员越过梯子限高红线

违反条款

Q/GDW 1799.1—2013《国家电网公司电力安全工作规程　变电部分》第 18.2.2 条规定，硬质梯子的横档应嵌在支柱上，梯阶的距离不应大于 40cm，并在距梯顶 1m 处设限高标志。使用单梯工作时，梯与地面的斜角度约为 60°。

《国家电网公司电力安全工器具管理规定》中附录 J 安全工器具检查与使用要求

规定，梯子与地面的夹角应为 60° 左右，工作人员必须在距梯顶 1m 以下的梯蹬上工作。

其他相关条款

Q/GDW 1799.3—2015《国家电网公司电力安全工作规程 第 3 部分：水电厂动力部分》第 15.6.2 条规定，梯子的支柱须能承受作业人员携带工具攀登时的总重量。梯子的横木应嵌在支柱上，不准使用钉子钉成的梯子。梯阶的距离不应大于 400mm。第 15.6.3 条规定，在梯子上工作时，梯子与地面的斜角度为 60° 左右。作业人员应登在距梯顶不少于 1m 的梯蹬上工作。

《国家电网公司电力安全工作规程（火电厂动力部分）》第 17.6.2 条规定，梯子的支柱应能承受作业人员携带工具攀登时的总重量。梯子的横木应嵌在支柱上，不准使用钉子钉成的梯子。梯阶的距离不应大于 40cm。第 17.6.3 条规定，在梯子上工作时，梯子与地面的斜角度为 60° 左右。作业人员应登在距梯顶不少于 1m 的梯蹬上工作。

7

临电设备
使用不规范

[73] 配电箱接地线钎子埋深不足，使接地端连接不实。

违规照片

配电箱接地线钎子埋深不足，使接地端连接不实

违反条款

《国家电网公司电力安全工作规程（电网建设部分）（试行）》第 3.5.4.5 条规定，配电箱应坚固，金属外壳接地或接零良好，其结构应具备防火、防雨的功能。第 3.5.5.8.1 条规定，人工接地体的顶面埋设深度不宜小于 0.6m。

其他相关条款

Q/GDW 1799.1—2013《国家电网公司电力安全工作规程　变电部分》第 16.3.1 条、《国家电网公司电力安全工作规程（火电厂动力部分）》第 7.4.1 条规定，所有电气设备的金属外壳均应有良好的接地装置。使用中不准将接地装置拆除或对其进行任何工作。

DL 5009.3—2013《电力建设安全工作规程　第 3 部分：变电站》第 3.2.20 条 3 款规定，配电箱应坚固，金属外壳接地或接零良好，其结构应具备防火、防雨的功能。

[74] 发电机接地端未可靠接地。

违规照片

发电机接地端连接不实

违反条款

《国家电网公司电力安全工作规程（电网建设部分）（试行）》第 3.5.4.5 条规定，配电箱应坚固，金属外壳接地或接零良好，其结构应具备防火、防雨的功能。第 3.5.5.8.1 条规定，人工接地体的顶面埋设深度不宜小于 0.6m。第 3.5.5.6 条 a）款规定，对地电压在 127V 及以上的下列电气设备及设施，均应装设接地或接零保护：发电机、电动机、电焊机及变压器的金属外壳。

其他相关条款

Q/GDW 1799.1—2013《国家电网公司电力安全工作规程 变电部分》第 16.3.1 条、《国家电网公司电力安全工作规程（火电厂动力部分）》第 7.4.1 条规定，所有电气设备的金属外壳均应有良好的接地装置。使用中不准将接地装置拆除或对其进行任何工作。

DL 5009.3—2013《电力建设安全工作规程 第 3 部分：变电站》第 3.2.20 条 3 款规定，配电箱应坚固，金属外壳接地或接零良好，其结构应具备防火、防雨的功能。

[75] 试验装置的电源开关未使用双极刀闸，没有明显断开点。

违规照片

试验装置电源开关未使用双极刀闸

违反条款

《国家电网公司电力安全工作规程（配电部分）（试行）》第 11.2.4 条规定，试验装置的电源开关，应使用双极刀闸，并在刀刃或刀座上加绝缘罩，以防误合。

其他相关条款

Q/GDW 1799.1—2013《国家电网公司电力安全工作规程　变电部分》第 14.1.4 条规定，试验装置的电源开关，应使用明显断开的双极刀闸。为了防止误合刀闸，可在刀刃或刀座上加绝缘罩。试验装置的低压回路中应有两个串联电源开关，并加装过载自动跳闸装置。

[76] 电线直接插入电源插座内。

违规照片

电线直接插入电源插座内

违反条款

DL 5009.3—2013《电力建设安全工作规程 第 3 部分：变电站》第 3.2.20 条 15 款规定，不得将电源线直接钩挂在闸刀上或直接插入插座内使用。

其他相关条款

DL 5009.2—2013《电力建设安全工作规程 第 2 部分：电力线路》第 3.2.3 条 8 款规定，不得将电线直接钩挂在闸刀上或直接插入插座内使用。

[77] 临时电源无漏电保护装置。

违规照片

临时电源无漏电保护装置

违反条款

Q/GDW 1799.1—2013《国家电网公司电力安全工作规程 变电部分》第 16.4.2.1 条规定，电气工具和用具应由专人保管，每 6 个月应由电气试验单位进行定期检查；使用前应检查电线是否完好，有无接地线；不合格的禁止使用；使用时应按有关规定接好剩余电流动作保护器（漏电保护器）和接地线；使用中发生故障，应立即修复。

其他相关条款

《国家电网公司电力安全工作规程（配电部分）（试行）》第 14.1.5 条规定，检修动力电源箱的支路开关、临时电源都应加装剩余电流动作保护装置。剩余电流动作保护装置应定期检查、试验、测试动作特性。

8

动火作业
不规范

[78] 动火作业专责监护人不在现场。

违规照片

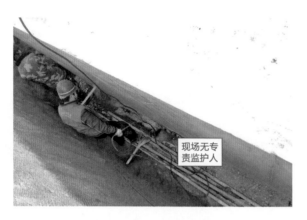

动火作业现场无专责监护人

违反条款

《国家电网公司电力安全工作规程（电网建设部分）（试行）》第 4.7.6 条规定，动火作业应有专人监护，动火作业前应清除动火现场及周围的易燃物品，或采取其他有效的安全防火措施，配备足够适用的消防器材。

其他相关条款

《国家电网公司电力安全工作规程（配电部分）（试行）》第 15.1.3 条规定，在重点防火部位、存放易燃易爆物品的场所附近及存有易燃物品的容器上焊接、切割时，应严格执行动火工作的有关规定，填用动火工作票，备有必要的消防器材。第 15.2.10.4 条4）款规定，消防监护人始终监视现场动火作业的动态，发现失火及时扑救。第 15.2.11.5 条规定，动火作业应有专人监护，动火作业前应清除动火现场及周围的易燃物品，或采取其他有效的防火安全措施，配备足够适用的消防器材。

Q/GDW 1799.1—2013《国家电网公司电力安全工作规程 变电部分》和 Q/GDW 1799.2—2013《国家电网公司电力安全工作规程 线路部分》第 16.6.10.5 条规定，动火作业应有专人监护，动火作业前应清除动火现场及周围的易燃物品，或采取其他有效的安全防火措施，配备足够适用的消防器材。

[79] 动火作业现场没有配备足够的消防器材。

违规照片

动火作业现场没有必备的消防器材

动火作业现场没有配备足够的消防器材

违反条款

《国家电网公司电力安全工作规程（电网建设部分）（试行）》第 4.7.6 条规定，动火作业应有专人监护，动火作业前应清除动火现场及周围的易燃物品，或采取其他有效的安全防火措施，配备足够适用的消防器材。

其他相关条款

《国家电网公司电力安全工作规程（配电部分）（试行）》第 15.1.3 条规定，在重点防火部位、存放易燃易爆物品的场所附近及存有易燃物品的容器上焊接、切割时，应严格执行动火工作的有关规定，填用动火工作票，备有必要的消防器材。第 15.2.10.4 条 4）款规定，消防监护人始终监视现场动火作业的动态，发现失火及时扑救。第 15.2.11.5 条规定，动火作业应有专人监护，动火作业前应清除动火现场及周围的易燃物品，或采取其他有效的防火安全措施，配备足够适用的消防器材。

Q/GDW 1799.1—2013《国家电网公司电力安全工作规程 变电部分》和 Q/GDW 1799.2—2013《国家电网公司电力安全工作规程 线路部分》第 16.6.10.5 条规定，动火作业应有专人监护，动火作业前应清除动火现场及周围的易燃物品，或采取其他有效的安全防火措施，配备足够适用的消防器材。

[80] 使用中将氧气瓶和乙炔气瓶倒放于地面且摆放过近。

违规照片

使用中将氧气瓶和乙炔气瓶倒放地面且摆放过近

违反条款

Q/GDW 1799.1—2013《国家电网公司电力安全工作规程 变电部分》第 16.5.11 条和《国家电网公司电力安全工作规程（配电部分）（试行）》第 15.3.6 条规定，使用中的氧气瓶和乙炔气瓶应垂直固定放置，氧气瓶和乙炔气瓶的距离不得小于 5m；气瓶的放置地点不得靠近热源，应距明火 10m 以外。

其他相关条款

Q/GDW 1799.2—2013《国家电网公司电力安全工作规程 线路部分》第 16.5.11 条规定，使用中的氧气瓶和乙炔气瓶应垂直固定放置，氧气瓶和乙炔气瓶的距离不得小于 5m；气瓶的放置地点不得靠近热源，应距明火 10m 以外。

[81] 使用中将氧气瓶和乙炔气瓶摆放过近。

违规照片

使用中将氧气瓶和乙炔气瓶摆放过近

违反条款

Q/GDW 1799.1—2013《国家电网公司电力安全工作规程 变电部分》第 16.5.11 条和《国家电网公司电力安全工作规程（配电部分）（试行）》第 15.3.6 条规定，使用中的氧气瓶和乙炔气瓶应垂直固定放置，氧气瓶和乙炔气瓶的距离不得小于 5m；气瓶的放置地点不得靠近热源，应距明火 10m 以外。

其他相关条款

Q/GDW 1799.2—2013《国家电网公司电力安全工作规程 线路部分》第 16.5.11 条规定，使用中的氧气瓶和乙炔气瓶应垂直固定放置，氧气瓶和乙炔气瓶的距离不得小于 5m；气瓶的放置地点不得靠近热源，应距明火 10m 以外。

[82] 变电站内动火作业明火点与气瓶距离过近。

违规照片

作业明火点与气瓶距离过近

违反条款

Q/GDW 1799.1—2013《国家电网公司电力安全工作规程 变电部分》第 16.5.11 条和《国家电网公司电力安全工作规程（配电部分）（试行）》第 15.3.6 条规定，使用中的氧气瓶和乙炔气瓶应垂直固定放置，氧气瓶和乙炔气瓶的距离不得小于 5m；气瓶的放置地点不得靠近热源，应距明火 10m 以外。

其他相关条款

Q/GDW 1799.2—2013《国家电网公司电力安全工作规程 线路部分》第 16.5.11 条规定，使用中的氧气瓶和乙炔气瓶应垂直固定放置，氧气瓶和乙炔气瓶的距离不得小于 5m；气瓶的放置地点不得靠近热源，应距明火 10m 以外。

9

现场作业人员
行为不规范

[83] 工具袋和安全带放在高处未绑扎。

违规照片

工具袋和安全带放在高处未绑扎

违反条款

《国家电网公司电力安全工作规程（配电部分）（试行）》第17.1.5条规定，高处作业应使用工具袋。上下传递材料、工器具应使用绳索；邻近带电线路作业的，应使用绝缘绳索传递，较大的工具应用绳拴在牢固的构件上。第17.1.12条规定，工件、边角余料应放置在牢靠的地方或用铁丝扣牢并有防止坠落的措施。

其他相关条款

Q/GDW 1799.2—2013《国家电网公司电力安全工作规程　线路部分》第10.12条和Q/GDW 1799.1—2013《国家电网公司电力安全工作规程　变电部分》第18.1.11条规定，高处作业应一律使用工具袋。较大的工具应用绳拴在牢固的构件上，工件、边角余料应放置在牢靠的地方或用铁丝扣牢并有防止坠落的措施，不准随便乱放，以防止从高空坠落发生事故。

《国家电网公司电力安全工作规程（电网建设部分）（试行）》第4.1.14条规定，高处作业时，各种工件、边角余料等应放置在牢靠的地方，并采取防止坠落的措施。

[84] 大剪放在横担上未绑扎。

违规照片

大剪放在横担上未绑扎

违反条款

《国家电网公司电力安全工作规程（配电部分）（试行）》第 17.1.5 条规定，高处作业应使用工具袋。上下传递材料、工器具应使用绳索；邻近带电线路作业的，应使用绝缘绳索传递，较大的工具应用绳拴在牢固的构件上。第 17.1.12 条规定，工件、边角余料应放置在牢靠的地方或用铁丝扣牢并有防止坠落的措施。

其他相关条款

Q/GDW 1799.2—2013《国家电网公司电力安全工作规程　线路部分》第 10.12 条和 Q/GDW 1799.1—2013《国家电网公司电力安全工作规程　变电部分》第 18.1.11 条规定，高处作业应一律使用工具袋。较大的工具应用绳拴在牢固的构件上，工件、边角余料应放置在牢靠的地方或用铁丝扣牢并有防止坠落的措施，不准随便乱放，以防止从高空坠落发生事故。

《国家电网公司电力安全工作规程（电网建设部分）（试行）》第 4.1.14 条规定，高处作业时，各种工件、边角余料等应放置在牢靠的地方，并采取防止坠落的措施。

[85] 脚扣放在横担上未绑扎。

违规照片

脚扣放在横担上未绑扎

违反条款

《国家电网公司电力安全工作规程（配电部分）（试行）》第 17.1.5 条规定，高处作业应使用工具袋。上下传递材料、工器具应使用绳索；邻近带电线路作业的，应使用绝缘绳索传递，较大的工具应用绳拴在牢固的构件上。第 17.1.12 条规定，工件、边角余料应放置在牢靠的地方或用铁丝扣牢并有防止坠落的措施。

其他相关条款

Q/GDW 1799.2—2013《国家电网公司电力安全工作规程　线路部分》第 10.12 条和 Q/GDW 1799.1—2013《国家电网公司电力安全工作规程　变电部分》第 18.1.11 条规定，高处作业应一律使用工具袋。较大的工具应用绳拴在牢固的构件上，工件、边角余料应放置在牢靠的地方或用铁丝扣牢并有防止坠落的措施，不准随便乱放，以防止从高空坠落发生事故。

《国家电网公司电力安全工作规程（电网建设部分）（试行）》第 4.1.14 条规定，高处作业时，各种工件、边角余料等应放置在牢靠的地方，并采取防止坠落的措施。

[86] 杆上作业物品坠落。

违规照片

杆上作业物品坠落

违反条款

《国家电网公司电力安全工作规程（配电部分）（试行）》第 17.1.5 条规定，高处作业应使用工具袋。上下传递材料、工器具应使用绳索；邻近带电线路作业的，应使用绝缘绳索传递，较大的工具应用绳拴在牢固的构件上。第 17.1.12 条规定，工件、边角余料应放置在牢靠的地方或用铁丝扣牢并有防止坠落的措施。

其他相关条款

Q/GDW 1799.2—2013《国家电网公司电力安全工作规程 线路部分》第 10.12 条和 Q/GDW 1799.1—2013《国家电网公司电力安全工作规程 变电部分》第 18.1.11 条规定，高处作业应一律使用工具袋。较大的工具应用绳拴在牢固的构件上，工件、边角余料应放置在牢靠的地方或用铁丝扣牢并有防止坠落的措施，不准随便乱放，以防止从高空坠落发生事故。

《国家电网公司电力安全工作规程（电网建设部分）（试行）》第 4.1.14 条规定，高处作业时，各种工件、边角余料等应放置在牢靠的地方，并采取防止坠落的措施。

[87] 作业人员使用的线夹坠落。

违规照片

作业人员使用的线夹坠落

违反条款

《国家电网公司电力安全工作规程（配电部分）（试行）》第 17.1.5 条规定，高处作业应使用工具袋。上下传递材料、工器具应使用绳索；邻近带电线路作业的，应使用绝缘绳索传递，较大的工具应用绳拴在牢固的构件上。第 17.1.12 条规定，工件、边角余料应放置在牢靠的地方或用铁丝扣牢并有防止坠落的措施。

其他相关条款

Q/GDW 1799.2—2013《国家电网公司电力安全工作规程　线路部分》第 10.12 条和 Q/GDW 1799.1—2013《国家电网公司电力安全工作规程　变电部分》第 18.1.11 条规定，高处作业应一律使用工具袋。较大的工具应用绳拴在牢固的构件上，工件、边角余料应放置在牢靠的地方或用铁丝扣牢并有防止坠落的措施，不准随便乱放，以防止从高空坠落发生事故。

《国家电网公司电力安全工作规程（电网建设部分）（试行）》第 4.1.14 条规定，高处作业时，各种工件、边角余料等应放置在牢靠的地方，并采取防止坠落的措施。

[88] 导线剪开后未固定而掉落。

违规照片

剪断的导线掉落

违反条款

《国家电网公司电力安全工作规程（配电部分）（试行）》第 17.1.5 条规定，高处作业应使用工具袋。上下传递材料、工器具应使用绳索；邻近带电线路作业的，应使用绝缘绳索传递，较大的工具应用绳拴在牢固的构件上。第 17.1.12 条规定，工件、边角余料应放置在牢靠的地方或用铁丝扣牢并有防止坠落的措施。

其他相关条款

Q/GDW 1799.2—2013《国家电网公司电力安全工作规程　线路部分》第 10.12 条和 Q/GDW 1799.1—2013《国家电网公司电力安全工作规程　变电部分》第 18.1.11 条规定，高处作业应一律使用工具袋。较大的工具应用绳拴在牢固的构件上，工件、边角余料应放置在牢靠的地方或用铁丝扣牢并有防止坠落的措施，不准随便乱放，以防止从高空坠落发生事故。

《国家电网公司电力安全工作规程（电网建设部分）（试行）》第 4.1.14 条规定，高处作业时，各种工件、边角余料等应放置在牢靠的地方，并采取防止坠落的措施。

9.2 高处作业未按规定传递材料

[89] 施工人员向基坑内抛掷材料。

违规照片

施工人员向基坑内抛掷材料

违反条款

《国家电网公司电力安全工作规程（电网建设部分）（试行）》第 4.1.13 条规定，上下传递物件应使用绳索，不得抛掷。第 6.4.2.1.10 条规定，向坑槽内运送材料时，坑上坑下应统一指挥，使用溜槽或绳索向下放料，不得抛掷。

其他相关条款

Q/GDW 1799.1—2013《国家电网公司电力安全工作规程　变电部分》第 18.1.11 条规定，高处作业应一律使用工具袋。第 18.1.13 条规定，禁止将工具及材料上下投掷，应用绳索拴牢传递，以免打伤下方作业人员或击毁脚手架。

Q/GDW 1799.2—2013《国家电网公司电力安全工作规程　线路部分》第 10.12 条规定，高处作业应一律使用工具袋。

《国家电网公司电力安全工作规程（配电部分）（试行）》第 17.1.5 条规定，高处作业应使用工具袋。上下传递材料、工器具应使用绳索。

DL 5009.2—2013《电力建设安全工作规程　第 2 部分：电力线路》第 3.3.1 条 8 款规定，高处作业所用的工器和材料应放在工具袋内或用绳索拴在牢固的构件上，上下传递物件应使用绳索，不得抛掷。

[90] 现场作业人员向井内扔抱箍。

违规照片

现场作业人员向井内扔抱箍

违反条款

《国家电网公司电力安全工作规程（电网建设部分）（试行）》第 4.1.13 条规定，上下传递物件应使用绳索，不得抛掷。第 6.4.2.1.10 条规定，向坑槽内运送材料时，坑上坑下应统一指挥，使用溜槽或绳索向下放料，不得抛掷。

其他相关条款

Q/GDW 1799.1—2013《国家电网公司电力安全工作规程 变电部分》第 18.1.11 条规定，高处作业应一律使用工具袋。第 18.1.13 条规定，禁止将工具及材料上下投掷，应用绳索拴牢传递，以免打伤下方作业人员或击毁脚手架。

Q/GDW 1799.2—2013《国家电网公司电力安全工作规程 线路部分》第 10.12 条规定，高处作业应一律使用工具袋。

《国家电网公司电力安全工作规程（配电部分）（试行）》第 17.1.5 条规定，高处作业应使用工具袋。上下传递材料、工器具应使用绳索。

DL 5009.2—2013《电力建设安全工作规程 第 2 部分：电力线路》第 3.3.1 条 8 款规定，高处作业所用的工器和材料应放在工具袋内或用绳索拴在牢固的构件上，上下传递物件应使用绳索，不得抛掷。

[91] 作业人员手持材料下杆。

违规照片

作业人员手持材料下杆

违反条款

《国家电网公司电力安全工作规程（配电部分）（试行）》第 6.2.2 条规定，杆塔作业应禁止以下行为：携带器材登杆或在杆塔上移位。第 17.1.5 条规定，高处作业应使用工具袋。上下传递材料、工器具应使用绳索。

其他相关条款

Q/GDW 1799.2—2013《国家电网公司电力安全工作规程　线路部分》第 9.2.2 条规定，禁止携带器材登杆或在杆塔上移位。

[92] 作业人员手持材料上杆。

违规照片

作业人员手持材料上杆

违反条款

《国家电网公司电力安全工作规程（配电部分）（试行）》第 6.2.2 条规定，杆塔作业应禁止以下行为：携带器材登杆或在杆塔上移位。第 17.1.5 条规定，高处作业应使用工具袋。上下传递材料、工器具应使用绳索。

其他相关条款

Q/GDW 1799.2—2013《国家电网公司电力安全工作规程　线路部分》第 9.2.2 条规定，禁止携带器材登杆或在杆塔上移位。

9.4 登杆作业未按规定调整拉线

[93] 杆上有人作业时，在杆下调整拉线。

违规照片

杆上有人作业时，在杆下调整拉线

违反条款

《国家电网公司电力安全工作规程（配电部分）（试行）》第 6.3.14.3 条规定，杆塔检修（施工）应注意以下安全事项：杆塔上有人时，禁止调整或拆除拉线。

其他相关条款

Q/GDW 1799.2—2013《国家电网公司电力安全工作规程 线路部分》第 9.3.15 条规定，检修杆塔不准随意拆除受力构件，如需要拆除时，应事先做好补强措施。调整杆塔倾斜、弯曲、拉线受力不均或迈步、转向时，应根据需要设置临时拉线及其调节范围，并应有专人统一指挥。杆塔上有人时，不准调整或拆除拉线。

9.5 架线施工安全措施不落实

[94] 在带电线路下方松紧线时，未采取防止导线跳动的措施，使导线与带电线路不满足安全距离要求。

违规照片

在带电线路下方松紧线时，未采取防止导线跳动措施，使导线与带电线路不满足安全距离要求

违反条款

《国家电网公司电力安全工作规程（配电部分）（试行）》第6.6.5条规定，在带电线路下方进行交叉跨越档内松紧、降低或架设导线的检修及施工，应采取防止导线跳动或过牵引与带电线路接近至规程中表5-1规定的安全距离的措施。

其他相关条款

Q/GDW 1799.2—2013《国家电网公司电力安全工作规程　线路部分》第8.2.3条规定，在交叉档内松紧、降低或架设导、地线的工作，只有停电检修线路在带电线路下面时才可进行，应采取防止导、地线产生跳动或过牵引而与带电导线接近至规程中表4规定的安全距离以内的措施。

《国家电网公司电力安全工作规程（电网建设部分）（试行）》第11.1.6条规定，在邻近或交叉其他带电电力线处作业时，有可能接近带电导线至规程中表24规定的安全距离以内时，应做到以下要求：

a）采取有效措施，使人体、导线、工器具等与带电导线符合规程中表24所示安全距离规定，起重机及吊件、牵引绳索和拉绳与带电导线符合规程中表19规定的安全距离规定。

b）作业的导线、地线应在作业地点接地。绞磨等牵引工具应接地。

[95] 在交通道口架设光缆时未采取警示措施。

违规照片

在交通道口架设光缆时未采取警示措施

违反条款

《国家电网公司电力安全工作规程（配电部分）（试行）》第 4.5.12 条规定，城区、人口密集区或交通道口和通行道路上施工时，工作场所周围应装设遮栏（围栏），并在相应部位装设警告标示牌。必要时，派人看管。第 6.4.11 条规定，在交通道口采取无跨越架施工时，应采取措施防止车辆挂碰施工线路。

YD 5201—2014《通信建设工程安全生产操作规范》第 6.8.1 条规定，在电力线、公路、铁路、街道等特殊地段布放架空光（电）缆时应进行警示、警戒。第 6.8.4 条规定，在跨越铁路、公路杆档安装光（电）缆挂钩和拆除吊线滑轮时严禁使用吊板。

其他相关条款

Q/GDW 1799.2—2013《国家电网公司电力安全工作规程　线路部分》第 9.4.12 条规定，在交通道口使用软跨时，施工地段两侧应设立交通警示标志牌，控制绳索人员应注意交通安全。

9.6 梯子使用不规范

[96] 梯子上进行作业时无人扶持。

违规照片

梯子上进行作业时无人扶持

违反条款

《国家电网公司电力安全工作规程（配电部分）（试行）》第17.4.5条规定，人在梯子上工作时应有人扶持。

其他相关条款

Q/GDW 1799.3—2015《国家电网公司电力安全工作规程 第3部分：水电厂动力部分》第15.6.5条规定，在水泥或光滑坚硬的地面上使用梯子时，应用绳索将梯子下端与固定物缚住（有条件时可在其下端安置橡胶套或橡胶布）。第15.6.6条规定，在木板或泥土上使用梯子时，其下端应装有带尖头的金属物，或用绳索将梯子下端与固定物缚住。第15.6.8条规定，若已采用上述方法仍不能使梯子稳固时，可派人扶着，以防梯子下端滑动，但应做好防止落物打伤下面人员的安全措施。

《国家电网公司电力安全工作规程（火电厂动力部分）》第17.6.5条规定，在水泥或光滑坚硬的地面上使用梯子时，应用绳索将梯子下端与固定物缚住（有条件时可在其下端安置橡胶套或橡胶布）。第17.6.6条规定，在木板或泥土上使用梯子时，其下端应装有带尖头的金属物，或用绳索将梯子下端与固定物缚住。第17.6.8条规定，若已采用上述方法仍不能使梯子稳固时，可派人扶着，以防梯子下端滑动，但应做好防止落物打伤下面人员的安全措施。

[97] 深基坑作业扶梯不牢靠。

违规照片

深基坑作业扶梯不牢靠

违反条款

《国家电网公司电力安全工作规程（电网建设部分）（试行）》第 6.1.1.6 条规定，基坑应有可靠的扶梯或坡道，作业人员不得攀登挡土板支撑上下，不得在基坑内休息。

其他相关条款

DL 5009.2—2013《电力建设安全工作规程 第 2 部分：电力线路》第 5.1.6 条规定，作业人员上下基坑时应有可靠的扶梯，不得相互拉拽、攀登挡土板支撑上下，作业人员不得在基坑内休息。

Q/GDW 1799.1—2013《国家电网公司电力安全工作规程 变电部分》第 16.2.2 条规定，变电站（生产厂房）外墙、竖井等处固定的爬梯，应牢固可靠，并设护笼，高百米以上的爬梯，中间应设有休息的平台，并应定期进行检查和维护。

10

有限空间
作业不规范

[98] 作业人员下井工作前未用机械通风。

违规照片

作业人员下井前工作未用机械通风

违反条款

《国家电网公司电力安全工作规程（配电部分）（试行）》第 12.2.2 条和第 12.2.3 条规定，进入电缆井、电缆隧道前，应先用吹风机排除浊气，再用气体检测仪检查井内或隧道内的易燃易爆及有毒气体的含量是否超标，并做好记录。电缆井、隧道内工作时，通风设备应保持常开。

其他相关条款

Q/GDW 1799.1—2013《国家电网公司电力安全工作规程 变电部分》第 15.2.1.11 条和 Q/GDW 1799.2—2013《国家电网公司电力安全工作规程 线路部分》第 15.2.1.12 条规定，进入电缆井、电缆隧道前，应先用吹风机排除浊气，再用气体检测仪检查井内或隧道内的易燃易爆及有毒气体的含量是否超标，并做好记录。电缆井、隧道内工作时，通风设备应保持常开。

Q/GDW 11370—2015《国家电网公司电工制造安全工作规程》第 6.4.5 条规定，在有限空间内作业时，应采取通风措施，保持空气流通，禁止采用纯氧通风换气。作业中断超过 30min，应当重新通风、检测合格后方可进入。

Q/GDW 1799.3—2015《国家电网公司电力安全工作规程 第 3 部分：水电厂动力部分》第 13.6.1 条规定，进入廊道、隧道、地下井、坑、洞室等有限空间内工作前应进行通风，必要时使用气体检测仪检测有毒有害气体，禁止使用燃烧着的火柴或火绳等方法检测残留的可燃气体；对设备进行操作、巡视、维护或检修工作，不得少于两人。

《国家电网公司电力安全工作规程（电网建设部分）（试行）》第 4.3.6 条规定，在有限空间作业中，应保持通风良好，禁止用纯氧进行通风换气。第 4.3.7 条规定，作业中断超过 30min，应当重新通风、检测合格后方可进入。

[99] 井口打开后未进行遮挡。

违规照片

井口打开后未进行遮挡

违反条款

《国家电网公司电力安全工作规程（配电部分）（试行）》第 2.3.12.1 条规定，井、坑、孔、洞或沟（槽），应覆以与地面齐平而坚固的盖板。检修作业，若需将盖板取下，应设临时围栏，并设置警示标识，夜间还应设红灯示警。临时打的孔、洞，施工结束后，应恢复原状。

　　Q/GDW 1799.1—2013《国家电网公司电力安全工作规程　变电部分》第 15.2.1.10 条和 Q/GDW 1799.2—2013《国家电网公司电力安全工作规程　线路部分》第 15.2.1.11 条规定，开启电缆井井盖、电缆沟盖板及电缆隧道人孔盖时应使用专用工具，同时注意所立位置，以免滑脱后伤人。开启后应设置标准路栏围起，并有人看守。作业人员撤离电缆井或隧道后，应立即将井盖盖好。

[100] 井口围栏不规范或未设置标志牌。

违规照片

井口围栏不规范且未设置标志牌

违反条款

　　《国家电网公司电力安全工作规程（配电部分）（试行）》第 2.3.12.1 条规定，井、坑、孔、洞或沟（槽），应覆以与地面齐平而坚固的盖板。检修作业，若需将盖板取下，应设临时围栏，并设置警示标识，夜间还应设红灯示警。临时打的孔、洞，施工结束后，应恢复原状。

其他相关条款

《国家电网公司电力安全工作规程（火电厂动力部分）》13.6.3 条规定，打开常闭的廊道、隧道、地下井、坑、洞室等有限空间的人孔门进行工作时，应在人孔门的周围设置遮栏并悬挂安全标志牌，夜间还应在遮栏上悬挂红灯。

Q/GDW 11370—2015《国家电网公司电工制造安全工作规程》第 6.4.2 条规定，有限空间出入口应保持畅通并设置明显的安全警示标志和警示说明。

《国家电网公司电力安全工作规程（电网建设部分）（试行）》第 4.3.2 条规定，有限空间作业应坚持"先通风、再检测、后作业"的原则，作业前应进行风险辨识，分析有限空间内气体种类并进行评估监测，做好记录。出入口应保持畅通并设置明显的安全警示标志，夜间应设警示红灯。